普通高等教育机械类课程系列教材

机电一体化技术

主　编　董爱梅
副主编　赵国勇　申世英
参　编　王志文　黄雪梅

北京理工大学出版社
BEIJING INSTITUTE OF TECHNOLOGY PRESS

内容简介

本书一方面介绍机械技术、微电子技术、计算机控制技术等机电一体化基础知识；另一方面立足应用，注意理论联系实际，结合实际案例讲解理论知识，以期对实际生产工作起到指导作用。本书内容涵盖：机电一体化系统建模与仿真技术、精密机械技术、传感检测技术、伺服驱动技术、计算机控制技术、机电一体化技术应用。除介绍传统、经典的机电一体化技术外，还引入了一些新技术、新思想。本书可作为大学本科教材，也可作为工程技术人员、其他有需求的读者的参考用书。

图书在版编目（CIP）数据

机电一体化技术/ 董爱梅主编. —北京：北京理工大学出版社，2020.2

ISBN 978-7-5682-8106-5

Ⅰ．①机…　Ⅱ．①董…　Ⅲ．①机电一体化-高等学校-教材　Ⅳ．①TH-39

中国版本图书馆 CIP 数据核字（2020）第 021396 号

出版发行 / 北京理工大学出版社有限责任公司
社　　址 / 北京市海淀区中关村南大街 5 号
邮　　编 / 100081
电　　话 / （010）68914775（总编室）
　　　　　（010）82562903（教材售后服务热线）
　　　　　（010）68948351（其他图书服务热线）
网　　址 / http://www.bitpress.com.cn
经　　销 / 全国各地新华书店
印　　刷 / 涿州市新华印刷有限公司
开　　本 / 787 毫米×1092 毫米　1/16
印　　张 / 12.5　　　　　　　　　　　　　　　责任编辑 / 江　立
字　　数 / 273 千字　　　　　　　　　　　　　文案编辑 / 赵　轩
版　　次 / 2020 年 2 月第 1 版　2020 年 2 月第 1 次印刷　责任校对 / 刘亚男
定　　价 / 39.00 元　　　　　　　　　　　　　责任印制 / 李志强

前 言
Preface

　　机电一体化是融合精密机械技术、传感检测技术、计算机控制技术、自动控制技术、伺服驱动技术和系统总体技术等多种技术于一体的新兴综合性学科。机电一体化技术的应用不仅提高和拓展了机电产品的性能和功能，而且使机械工业的技术结构、生产方式及管理体系发生了巨大变化，极大地提高了生产系统的工作质量。目前机电一体化技术已得到普遍重视和广泛应用，并成为高等院校机械电子类专业一门重要的专业课程。

　　随着机械工业向机电一体化方向快速发展，作为培养这方面高级技术人才的高等院校，不仅需向学生介绍精密机械技术、传感检测技术、计算机控制技术等机电一体化基础知识，还应在此基础上从系统设计的角度出发，通过"机电一体化技术"专业课教学及相应实践教学环节，使学生真正了解和掌握机电一体化技术及其在系统设计中的应用。只有这样，才能使学生能真正灵活地运用相关技术进行机电一体化产品的开发设计，达到知识、结构、能力的统一。

　　本书是在参考了大量的文献、教材和著作的基础上，结合作者多年的教学实践编写而成的。本书一方面介绍机电一体化技术基础知识，另一方面立足应用和理论联系实际，对实际工作起到指导作用；同时兼顾机电一体化技术的发展，介绍一些新的技术，以开阔视野。本书不仅注意本身内容的联系，而且考虑到了与其他相关课程的合理衔接。

　　全书共分7章：第一章，绪论；第二章，机电一体化系统建模与仿真技术；第三章，精密机械技术；第四章，传感检测技术；第五章，伺服驱动技术；第六章，计算机控制技术；第七章，机电一体化技术应用。

　　参加本书编写的有山东理工大学赵国勇（第二章第四节和第五节，第六章第四节和第五节），王志文（第三章），黄雪梅（第五章），董爱梅（第一、四、七章和第二、六章的部分内容），山东协和学院申世英（整理相关资料）。全书由董爱梅任主编，起草大纲并承担修改、统稿工作。

　　由于作者水平和经验有限，书中不足之处，敬请读者和专家批评指正。

编　者

2019 年 7 月

目录
Contents

第一章
绪　论

第一节　机电一体化的定义

机电一体化（Mechatronics）这个名词最早出现于 1971 年，由机械学（Mechanics）与电子学（Electronics）组合而成，在我国通常称为机械电子学或机电一体化。但是，机电一体化并非机械技术与电子技术的简单相加，而是集光、机、电、磁、声、热、液、气、算于一体的技术综合系统，发展到今天已成为一门有着自身体系的新型学科。

目前，对机电一体化有各种各样的定义，较为人们接受的是美国机械工程师协会（ASME）的定义——机电一体化是由计算机信息网络协调与控制，用于完成包括机械力、运动和能量流等动力任务的机械和（或）机电部件相互联系的系统。还有日本机械振兴协会经济研究所提出的解释，即机电一体化乃是在机械的主功能、动力功能、信息功能和控制功能上引进微电子技术，并将机械装置与电子装置用相关软件有机结合而构成系统的总称。

根据目前机电一体化的发展趋势，可以认为：机电一体化是机械工程和电子工程相结合的技术，以及应用这些技术的机械电子装置（产品）。机电一体化具有“技术”与“产品”两个方面的含义，机电一体化技术是机械工程技术吸收微电子技术、信息处理技术、伺服驱动技术、传感检测技术等融合而成的一种新技术；而机电一体化产品是利用机电一体化技术设计开发的由机械单元、动力单元、微电子控制单元、传感单元和执行单元等组成的单机或系统，它既不同于传统的机械产品，也不同于普通的电子产品，其主要有如下几种类型。

（1）功能替代型产品

功能替代型产品的主要特征是在原有机械产品的基础上采用电子装置替代机械控制、机械传动、机械信息处理和机械的主功能，实现产品的多功能和高性能，具体分类如下。

1）将原有的机械控制系统和机械传动系统用电子装置替代。例如，数控机床就是用微机控制系统和伺服驱动系统替代传统的机械控制系统和机械传动系统，使其在质量、性能、功能、效率和节能等方面与普通机床相比都有很大的提高。此外，还有电子缝纫机、电子控制的防滑制动装置、电子式照相机和全自动洗衣机等都属于此类功能替代型产品。

2）将原有的机械式信息处理机构用电子装置替代，如石英钟、电子钟表、全电子式电话交换机、电子秤、电子计费器和电子计算器等。

3）将原有机械产品本身的主功能用电子装置替代。例如，线切割加工机床、电火花加工机床和激光手术刀代替了原有的机械产品主功能——刀具的切削功能。

（2）机电融合型产品

机电融合型产品的主要特征是应用机电一体化技术开发出的机电有机结合的新一代产品，如数字式摄像机、磁盘驱动器、激光打印机、CT 扫描诊断仪、物体识别系统和数字式照相机等。这些产品单靠机械技术或微电子技术是无法获得的，只有当机电一体化技术发展到一定程度时才有可能实现。

随着科学技术的发展，机电一体化技术已从原来以机为主拓展到机电结合，机电一体化产品的概念不再局限在某一具体产品的范围，已扩大到控制系统和被控制系统相结合的产品制造和过程控制的大系统，如柔性制造系统（FMS）、计算机集成制造系统（CIMS），以及各种工业过程控制系统。此外，对传统的机电设备作智能化改造等工作也属于机电一体化的范畴。

目前，人们已经认识到机电一体化并不是机械技术、微电子技术，以及其他新技术的简单组合、拼凑，而是有机地互相结合或融合，是有其客观规律的。因此，机电一体化这一新兴学科应该有其技术基础、设计理论和研究方法，应该从系统的角度出发，采用现代设计方法进行产品的设计。

第二节　机电一体化系统的基本功能要素

机电一体化系统的形式多种多样，其功能也各不相同。较完善的机电一体化系统，应包括以下几个基本功能要素：机械单元、动力单元、传感单元、执行单元、控制与信息处理单元，各要素之间通过接口相联系。这些基本功能要素的关系如图 1-1 所示。

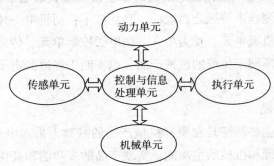

图 1-1　机电一体化系统的基本功能要素的关系

1. 机械单元

机械单元包括机械传动装置和机械结构装置，其主要功能是使构造系统的各子系统、零部件按照一定的空间和时间关系安置在一定位置上，并保持特定的关系。由于机电一体化产品技术性能、水平和功能的提高，机械本体需在机械结构、材料、加工工艺性，以及几何尺寸等方面适应产品高效、多功能、可靠和节能、小型、轻量、美观等要求。

2. 动力单元

动力单元的功能是按照机电一体化系统的控制要求，为系统提供能量和动力以保证系统正常运行。机电一体化系统的显著特征之一，是用尽可能小的动力输入获得尽可能大的功能输出。

3. 传感单元

传感单元的功能是把系统运行过程中所需要的本身和外界环境的各种参数及状态进行检测，并转换成可识别信号，传输到信息处理单元，经过分析、处理后产生相应的控制信息，其功能通常由专门的传感器和仪器仪表完成。

4. 执行单元

执行单元的功能是根据控制信息和指令完成所要求的动作。执行单元是运动部件，一般采用机械、电磁、电液等机构，它将输入的各种形式的能量转换为机械能。根据机电一体化系统的匹配性要求，需要考虑改善执行单元的工作性能，如提高刚性，减轻质量，实现组件化、标准化和系列化，提高系统整体可靠性等。

5. 控制与信息处理单元

控制与信息处理单元是机电一体化系统的核心部分，它将来自各传感器的检测信息和外部输入命令进行集中、存储、分析、加工，根据信息处理结果，按照一定的程序发出相应的控制信号，通过输出接口送往执行单元，控制整个系统有目的地运行，并达到预期的性能。控制与信息处理单元一般由计算机、可编程序控制器（PLC）、数控装置，以及逻辑电路、A/D 与 D/A 转换、输入/输出（I/O）接口和计算机外部设备等组成。

以数控机床为例（见图 1-2），机电一体化系统应包括下述几个基本功能要素。

1）机械单元：数控机床中的机械结构部分，包括机械传动机构、机械支撑和机械连接等。

2）动力单元：为系统提供能量和动力，使系统正常运转的动力装置。动力单元由动力源和电动机组成，并分为电、液、气三类。

3）传感单元：包括各种传感器及其信号检测电路，用于对系统运行中本身和外界环境的各种参数及状态进行检测，使之变成控制器可识别的信号。

4）控制与信息处理单元：处理来自各传感器的信息和外部输入命令，并根据处理结果，发出相应的控制指令，控制整个系统有目的地运行。控制与信息处理单元一般为计算机信息处理系统等。

5）执行单元：根据控制指令，通过动力单元和传动机构，驱动执行构件完成各种动作的装置。由于执行单元是实现产品目的功能的直接参与者，其性能的好坏决定着整个产品的性能，因而是机电一体化系统中最重要的组成部分。

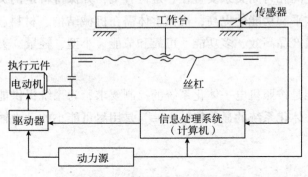

图1-2　数控机床组成框图

第三节　机电一体化的相关技术

机电一体化是多学科技术领域综合交叉的技术密集型系统工程，其主要的相关技术可以归纳为6个方面，即：精密机械技术、传感检测技术、计算机控制技术、自动控制技术、伺服驱动技术和系统总体技术，如图1-3所示。

图1-3　机电一体化的主要相关技术

1. 精密机械技术

精密机械技术是机电一体化的基础。机电一体化的机械产品与传统的机械产品的区别在于：机械结构更简单、机械功能更强、性能更优越。现代机械要求具有更新颖的结构、更小的体积、更轻的质量，还要求精度更高、刚度更大、动态性能更好。因此，机械技术的出发点在于如何与机电一体化的技术相适应，利用其他高新技术来更新概念，实现结构上、材料上、性能上，以及功能上的变更。在设计和制造机械系统时除了考虑静态、动态刚度及热变形等问题外，还应考虑采用新型复合材料和新型结构，以及新型的制造工艺和工艺装置。

2. 传感检测技术

传感检测装置是机电一体化系统的感觉器官，即从被测对象那里获取能反映被测对象特征与状态的信息，它是实现自动控制、自动调节的关键环节，其功能越强，系统的自动化程度就越高。传感检测技术的内容，一是研究如何将各种被测量（包括物理量、化学量和生物量等）转换为与之成比例的电量；二是研究对转换的电信号的加工处理，如放大、补偿、标度变换等。

机电一体化系统要求传感检测装置能快速、准确、可靠地获取信息，与计算机技术相比，传感检测技术发展显得缓慢，难以满足控制系统的要求，因而不少机电一体化系统不能达到满意的效果或无法达到设计要求。因此大力开展对传感检测技术的研究对于机电一体化技术的发展具有十分重要的意义。

3. 计算机控制技术

实现信息处理的主要工具是计算机，信息处理技术包括信息的交换、存取、运算、判断和决策，因此信息处理技术与计算机控制技术是密切相关的。

计算机控制技术包括计算机的硬件技术、软件技术、网络与通信技术和数据技术。机电一体化系统中主要采用工业控制计算机（包括可编程序控制器，单、多回路调节器，单片微控制器，总线式工业控制机，分布式计算机测控系统）进行信息处理。计算机应用及信息处理技术已成为促进机电一体化技术发展和变革的最重要因素，信息处理的发展方向是提高信息处理的速度、可靠性和智能化程度。

4. 自动控制技术

自动控制所依据的理论是自动控制原理（包括经典控制理论和现代控制理论），自动控制技术就是在此理论的指导下对具体控制装置或控制系统进行设计；设计后进行系统仿真，现场调试；最后使研制的系统可靠地投入运行。自动控制技术的目的在于实现机电一体化系统的目标最佳化，由于控制对象的种类繁多，所以自动控制技术的内容极其丰富。机电一体化系统中的自动控制技术主要包括位置控制、速度控制、最优控制、自适应控制、模糊控制、神经网络控制等。

随着计算机技术的高速发展，自动控制技术与计算机技术也越来越密切相关，因而其成为机电一体化中十分重要的技术。

5. 伺服驱动技术

伺服驱动技术就是在控制指令的指挥下，控制驱动元件，使机械的运动部件按照指令的要求进行运动，并具有良好的动态性能。伺服驱动装置包括电动、气动、液压等各种类型的驱动装置，由计算机通过接口与这些驱动装置相连接，控制它们的运动，带动工作机械作回转、直线，以及其他各种复杂运动。伺服驱动技术是直接执行操作的技术，伺服驱动系统是实现电信号到机械动作的转换装置或部件，对系统的动态性能、控制质量和功能具有决定性的作用。常见的伺服驱动系统主要有电气伺服（如步进电动机、直流伺服电动机、交流伺服电动机等）和液压伺服（如液压马达、脉冲油缸等）两类。由于变频技术的发展，交流伺服驱动技术取得了突破性进展，这为机电一体化系统提供了高质量的伺服驱动单元，极大地促进了机电一体化技术的发展。

6. 系统总体技术

系统总体技术是以整体的概念组织应用各种相关技术的应用技术，即从全局的角度和系统的目标出发，将系统分解为若干个子系统，对于每个子系统的技术方案都从实现整个系统技术协调的观点来考虑，对于子系统与子系统之间的矛盾或子系统和系统整体之间的矛盾都要从总体协调的需要来选择解决方案。机电一体化系统是一个技术综合体，它利用系统总体技术将各有关技术协调配合、综合运用而达到整体系统的最佳化。

第四节 机电一体化的发展方向

一、国内外机电一体化发展状况

机电一体化技术的发展大体可分为 3 个阶段。20 世纪 60 年代以前为第一阶段，这一阶段称为初期阶段，也可称其为萌芽阶段。特别是在第二次世界大战期间，战争刺激了机械产品与电子技术的结合，这些机电结合的军用技术，战后转为民用，对战后经济的恢复起到了积极的作用。20 世纪 70 年代至 20 世纪 80 年代为第二阶段，可称为蓬勃发展阶段。这一时期，计算机技术、控制技术、通信技术的发展为机电一体化的发展奠定了技术基础。20 世纪 90 年代后期为第三阶段，开始了机电一体化技术向智能化方向迈进的新阶段。在人工智能技术、神经网络技术及光纤技术等领域取得的巨大进步为机电一体化技术开辟了发展的广阔天地。

1）20 世纪 70 年代，先进国家开始利用自动化装备，采用准时生产制（JTT）提高企业整体效率，实现全面质量管理（TQM），这是先进制造技术的前期。随后，出现了计算机集成制造系统（CIMS）等概念。到了 20 世纪 80 年代，用户对产品的质量、价格、可靠性和生产时间等要求越来越严，为了在激烈的市场竞争中处于不败之地，企业决策者纷纷改造自己的制造设备，提高产品设计和制造技术，加强组织和质量管理，增强企业的快速应变能力，于是涌现出更多的先进制造技术，如计算机辅助技术、柔性制造技术、资源规划和企业管理技术、计算机集成制造技术，以及先进的制造加工设备。20 世纪 90 年代，以信息流为纽带的制造技术得到广泛重视和迅速发展，出现了拟实制造（VM）、敏捷制造（AM）、快速原形制造（RPM）、并行工程（CE）等新技术。

2）机电一体化技术促使仪器仪表的迅速发展。20 世纪 80 年代，高性能微处理器的出现使得具有数据采集与处理、存储记忆、自动控制、通信、显示、打印报表等多功能的自动控制仪表得到发展。世界各国都非常重视传感器技术,它反映了一个国家的科技发达程度;特别是对一些新颖的先进高科技传感器的研究,如超导传感器、集成光学传感器等。

3)机器人是近代科技发展的重大成果,是典型的机电一体化产品之一。机器人已由第一代的示教再现型发展到第二代的感觉型和第三代的智能型。日本、美国、瑞典是3个生产机器人的主要国家,日本的机器人拥有量约占世界总数的67%。世界机器人的需求量每五年将翻一番,产值则每年以27.5%的速度迅速增长。我国工业机器人近年来发展也很快,已开发出焊接、喷漆、锻压、搬运、装配等各种机器人。

二、机电一体化的发展方向

机电一体化是集机械、电子、光学、控制、计算机、信息等多学科的交叉融合,它的发展和进步依赖于相关技术,同时也促进相关技术的发展和进步。因此,机电一体化的主要发展方向如下。

1. 智能化

智能化是21世纪机电一体化技术发展的主要方向。这里所说的智能化是对机器行为的描述,是在控制理论的基础上,吸收人工智能、运筹学、计算机科学、模糊数学、心理学、生理学和混沌动力学等新思想、新方法,模拟人类智能,以求得到更高的控制目标。

2. 模块化

机电一体化产品种类和生产厂家繁多,研制和开发具有标准机械接口、电气接口、动力接口、环境接口的模块化机电一体化产品单元是一项十分复杂但又是非常重要的事情。利用模块化的标准单元迅速开发出新的产品,扩大生产规模,将给机电一体化企业带来美好的前景。

3. 网络化

计算机技术的突出成就就是网络技术,各种网络将全球经济、生产连成一片,企业间的竞争也实现全球化。由于网络的普及,基于网络的各种远程控制和监视技术方兴未艾,而远程控制的网络化终端设备就是机电一体化产品。

4. 微型化

微型化指的是机电一体化向微型化和微观领域发展的趋势。微机电一体化产品指的是几何尺寸不超过1 mm的机电一体化产品,其最小体积近期将向纳米-微米范畴进发。微机电一体化发展的瓶颈在于微机械技术,微机电一体化产品的加工采用精细加工技术,即超精密技术,包括光刻技术和蚀刻技术两类。

5. 绿色化

21世纪的主题词是"环境保护",绿色化是时代的趋势。绿色产品在其设计、制造、使用和销毁的生命过程中,要符合特定的环境保护和人类健康的要求,对生态环境无害或危害极少，资源利用率最高。机电一体化产品的绿色化主要是指使用时不污染生态环境。

6. 人格化

未来的机电一体化更加注重产品与人的关系，即人格化。机电一体化产品的最终使用对象是人，赋予机电一体化产品人的智慧、情感、人性愈加重要，特别是对家用机器人，其高层境界就是人机一体化。

第二章
机电一体化系统建模与仿真技术

机电一体化系统的范围很广，针对不同的研究对象有不同的模型种类。机电一体化系统建模与仿真技术属于自动控制技术，自动控制技术的范围很广，本书只介绍了系统建模与仿真技术。本章重点讨论机电一体化系统动力学模型的建立和仿真技术，涉及机械系统、电路网络等。建模的方法主要采用分析建模法，建立在相应物理定律的基础上，通过对典型系统建模的讨论，主要使读者能够学会机电一体化系统数学模型建立的一般方法。

第一节　机械传动系统数学模型

一、机械平移系统

机械平移系统的基本元件是质量、阻尼器和弹簧。图 2-1 是这 3 个机械直线移动元件的符号表示。在图 2-1 中：$F(t)$ 为外力；$x(t)$ 为位移；m 为质量；f 为黏性阻尼系数；K 为弹簧刚度。由图 2-1 可得到质量的数学模型为

$$F(t) = m \frac{\mathrm{d}^2 x(t)}{\mathrm{d}t^2} \tag{2-1}$$

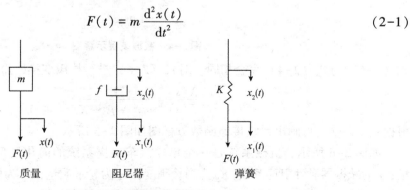

图 2-1　机械直线移动元件

阻尼器的数学模型为

$$F(t) = f\left(\frac{\mathrm{d}x_1(t)}{\mathrm{d}t} - \frac{\mathrm{d}x_2(t)}{\mathrm{d}t}\right) \tag{2-2}$$

弹簧的数学模型为

$$F(t) = K[x_1(t) - x_2(t)] \tag{2-3}$$

下面举例说明机械平移系统的建模方法。

图2-2为组合机床动力滑台铣平面的情况。若不计 m 与地面间的摩擦，系统可以抽象成如图2-3所示的力学模型。根据牛顿第二定律，系统方程为

$$F_i(t) - Kx_o(t) - f\frac{\mathrm{d}x_o(t)}{\mathrm{d}t} = m\frac{\mathrm{d}^2 x_o(t)}{\mathrm{d}t^2} \tag{2-4}$$

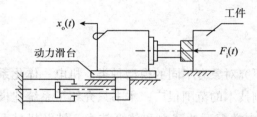

图2-2　动力滑台铣平面

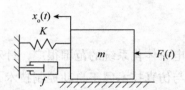

图2-3　图2-2的力学模型

对式（2-4）进行拉氏变换，得系统传递函数为

$$\frac{X_o(s)}{F_i(s)} = \frac{1}{ms^2 + fs + K} \tag{2-5}$$

图2-4是简单减振装置示意图，对其受力情况进行分析后，同样可以得出系统运动方程为

$$F(t) - Kx(t) - f\frac{\mathrm{d}x(t)}{\mathrm{d}t} = m\frac{\mathrm{d}^2 x(t)}{\mathrm{d}t^2} \tag{2-6}$$

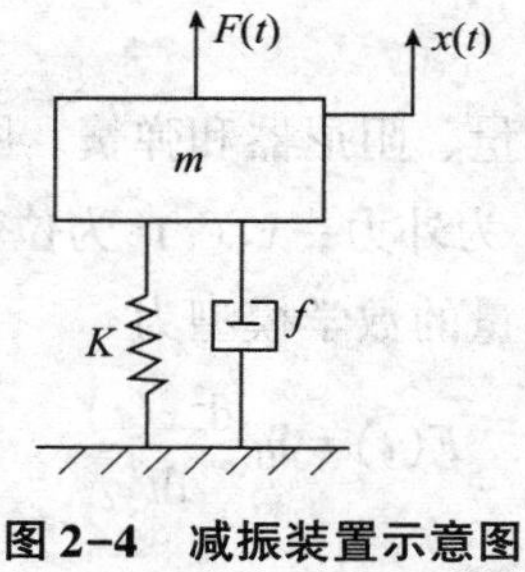

图2-4　减振装置示意图

式（2-6）与式（2-4）完全相同。对式（2-6）进行拉氏变换，得系统传递函数为

$$\frac{X(s)}{F(s)} = \frac{1}{ms^2 + fs + K} \tag{2-7}$$

根据式（2-7）可画出系统传递函数方框图如图2-5所示。

如图2-6所示，机械系统是一个单轮汽车支撑系统的简化模型，图中：m_1 为汽车质量；f 为减振器黏性阻尼系数；K_1 为弹簧刚度；m_2 为轮子质量；K_2 为轮胎弹性刚度；$x_1(t)$ 和 $x_2(t)$ 分别为 m_1 和 m_2 的独立位移。通过对系统进行受力分析，可以建立 m_1 的力平衡方程

（运动方程），即

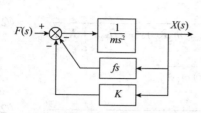

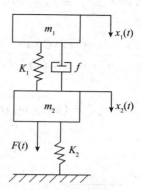

图2-5 减振装置传递函数方框图

图2-6 单轮汽车支撑系统的简化模型

$$m_1 \frac{\mathrm{d}^2 x_1(t)}{\mathrm{d}t^2} = -f\left[\frac{\mathrm{d}x_1(t)}{\mathrm{d}t} - \frac{\mathrm{d}x_2(t)}{\mathrm{d}t}\right] - K_1[x_1(t) - x_2(t)] \tag{2-8}$$

又 m_2 的力平衡方程为

$$m_2 \frac{\mathrm{d}^2 x_2(t)}{\mathrm{d}t^2} = F(t) - f\left[\frac{\mathrm{d}x_2(t)}{\mathrm{d}t} - \frac{\mathrm{d}x_1(t)}{\mathrm{d}t}\right] - K_1[x_2(t) - x_1(t)] - K_2 x_2(t) \tag{2-9}$$

对式（2-8）和式（2-9）进行拉氏变换，可得

$$m_1 s^2 X_1(s) = -fs[X_1(s) - X_2(s)] - K_1[X_1(s) - X_2(s)] \tag{2-10}$$

$$m_2 s^2 X_2(s) = F(s) - fs[X_2(s) - X_1(s)] - K_1[X_2(s) - X_1(s)] - K_2 X_2(s) \tag{2-11}$$

根据式（2-10）和式（2-11）可画出汽车支撑系统方框图，如图2-7（a）所示。通过简化，可得到图2-7（b）、（c）的方框图。

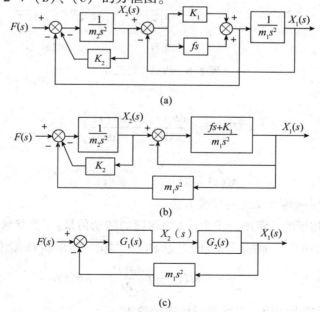

（a）

（b）

（c）

图2-7 汽车支撑系统方框图

（a）未化简的方框图；（b）化简过程中的方框图；（c）化简后的方框图

根据图 2-7（c）求出以作用力 $F(s)$ 为输入，分别以 $X_1(s)$ 和 $X_2(s)$ 为输出位移的传递函数，即

$$\frac{X_1(s)}{F(s)} = \frac{G_1(s)G_2(s)}{1 + m_1 s^2 G_1(s)G_2(s)} = \frac{fs + K}{(m_2 s^2 + K_2)(m_1 s^2 + fs + K) + m_1 s^2 (fs + K_1)} =$$

$$\frac{fs + K_1}{m_1 m_2 s^4 + (m_1 + m_2)fs^3 + (m_1 K_1 + m_1 K_2 + m_2 K_1)s^2 + fK_2 s + K_1 K_2} \tag{2-12}$$

$$\frac{X_2(s)}{F(s)} = \frac{G_1(s)}{1 + G_1(s)G_2(s)m_1 s^2} =$$

$$\frac{m_1 s^2 + fs + K_1}{m_1 m_2 s^4 + (m_1 + m_2)fs^3 + (m_1 K_1 + m_1 K_2 + m_2 K_1)s^2 + fK_2 s + K_1 K_2} \tag{2-13}$$

式（2-12）和式（2-13）完全描述了该机械系统的动力特性，只要给定汽车的质量、轮子的质量、阻尼器及弹簧参数和轮胎的弹性，便可决定汽车行驶的运动特性。

二、机械转动系统

机械转动系统的基本元件是转动惯量、阻尼器和弹簧。图 2-8 是 3 个机械转动元件的表示符号，图中：$M(t)$ 代表外力矩；$\theta(t)$ 代表转角；J 代表转动惯量；f 代表黏性阻尼系数；K 代表弹簧刚度。由图 2-8 可得到转动惯量的数学模型为

$$M(t) = J \frac{d^2 \theta(t)}{dt^2} \tag{2-14}$$

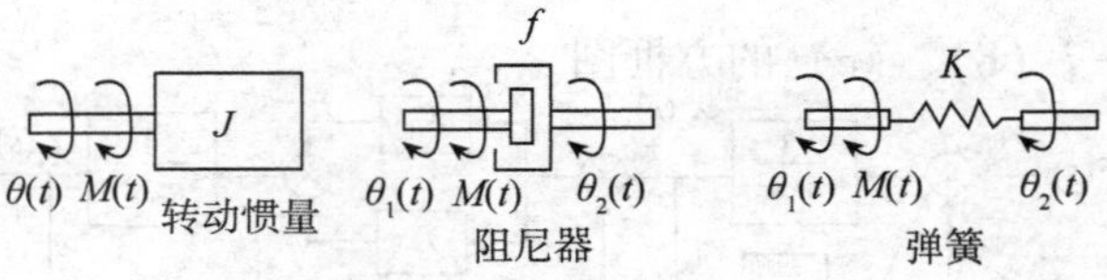

图 2-8　机械转动元件

阻尼器的数学模型为

$$M(t) = f\left[\frac{d\theta_1(t)}{dt} - \frac{d\theta_2(t)}{dt}\right] \tag{2-15}$$

弹簧的数学模型为

$$M(t) = K[\theta_1(t) - \theta_2(t)] \tag{2-16}$$

下面举例说明机械转动系统的建模方法。

图 2-9 为一个扭摆的示意图，图中：J 为摆锤的转动惯量；f 为摆锤与空气的黏性阻尼系数；K 为扭簧弹性刚度。加在摆锤上的力矩 $M(t)$ 与摆锤转角 $\theta(t)$ 之间的运动方程为

$$J \frac{d^2 \theta(t)}{dt^2} = M(t) - f \frac{d\theta(t)}{dt} - K\theta(t) \tag{2-17}$$

对式（2-17）进行拉氏变换，得该系统传递函数为

$$\frac{\theta(s)}{M(s)} = \frac{1}{Js^2 + fs + K} \tag{2-18}$$

图 2-10 为打印机中步进电动机——同步齿形带驱动系统，图中：K、f 分别为同步齿形带的弹性刚度与黏性阻尼系数；$M(t)$ 为步进电动机的力矩；J_M 和 J_L 分别为步进电动机轴和负载的转动惯量；$\theta_i(t)$ 与 $\theta_o(t)$ 分别为输入轴与输出轴的转角。

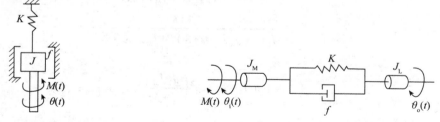

图 2-9　扭摆示意图　　　　　　　　**图 2-10　同步齿形带驱动系统**

针对输入轴和输出轴可以分别写出力矩平衡方程，即

$$J_M \frac{d^2\theta_i(t)}{dt^2} = M(t) - f\left[\frac{d\theta_i(t)}{dt} - \frac{d\theta_o(t)}{dt}\right] - K[\theta_i(t) - \theta_o(t)] \tag{2-19}$$

及

$$J_L \frac{d^2\theta_o(t)}{dt^2} = -f\left[\frac{d\theta_o(t)}{dt} - \frac{d\theta_i(t)}{dt}\right] - K[\theta_o(t) - \theta_i(t)] \tag{2-20}$$

对以上两式进行拉氏变换，得

$$J_M s^2 \theta_i(s) = M(s) - (fs + K)[\theta_i(s) - \theta_o(s)] \tag{2-21}$$

$$J_L s^2 \theta_o(s) = (fs + K)[\theta_i(s) - \theta_o(s)] \tag{2-22}$$

根据式（2-21）和式（2-22）可画出系统方框图如图 2-11（a）所示，可依次简化为图 2-11（b）、（c）的方框图。由图 2-11（c）可得该系统的传递函数为

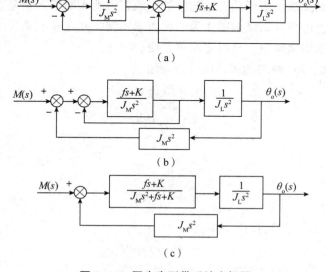

（a）

（b）

（c）

图 2-11　同步齿形带系统方框图

（a）未化简的方框图；（b）化简过程中的方框图；（c）化简后的方框图

$$\frac{\theta_o(s)}{M(s)} = \frac{\dfrac{fs+K}{J_Ls^2\ (J_Ms^2+fs+K)}}{1+\dfrac{J_Ms^2+fs+K}{J_Ls^2\ (J_Ms^2+fs+K)}} =$$

$$\frac{fs+K}{J_Ls^2\ (J_Ms^2+fs+K)\ +J_Ms^2\ (fs+K)} =$$

$$\frac{fs+K}{(J_L+J_M)\ s^2\left(\dfrac{J_LJ_M}{J_L+J_M}s^2+fs+K\right)} \tag{2-23}$$

第二节　电路系统数学模型

一、电路网络

电路网络包括无源电路网络和有源电路网络两部分。建立电路网络动态模型依据的是电路方面的物理定律，如基尔霍夫定律等。使用复阻抗的概念通常使电路建模较为方便，这时电阻用 R 表示，电感用 Ls 表示，而电容用 $\dfrac{1}{Cs}$ 表示，这样可以用 s 的代数方程代替复杂的微分方程，从而方便地得到电路网络系统的传递函数。

在这里，先介绍动态结构图的概念。

对于图 2-12 所示的 RC 网络，可以用消元的方法求出它的传递函数。但如果方程组的子方程数较多，消元仍比较麻烦，而且消元之后，仅剩下输入和输出两个变量，信号中间的传递过程得不到反映。采用动态结构图能形象直观地表明输入信号在系统或元件中的传递过程。因此，也可把动态结构图作为一种数学模型，并在控制系统中广泛地应用。另外，由动态结构图求传递函数，显得更简单方便。

由图 2-12 可知，RC 网络的运动微分方程组为

$$u_i = Ri + u_o \tag{2-24}$$

$$u_o = \frac{1}{C}\int i\mathrm{d}t \tag{2-25}$$

或写成

$$u_i - u_o = Ri \tag{2-26}$$

$$u_o = \frac{1}{C}\int i\mathrm{d}t \tag{2-27}$$

对式（2-26）、（2-27）进行拉氏变换，得

$$U_i(s) - U_o(s) = RI(s) \tag{2-28}$$

$$U_o(s) = \frac{1}{Cs}I(s) \tag{2-29}$$

将式（2-28）写成

$$\frac{1}{R}\big[\,U_i(s)\,-\,U_o(s)\,\big]\,=\,I(s) \tag{2-30}$$

式（2-28）的数学关系可用图 2-13 形象地表示。同样，式（2-29）可用图 2-14 表示。

将图 2-13 和图 2-14 合并，网络的输入量置于图的左端，输出量置于最右端，并将同一变量的信号通路连在一起，即得 RC 网络的动态结构图，如图 2-15 所示。由图 2-15 可以写出 RC 网络的传递函数，即

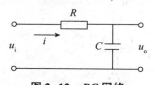

图 2-12　RC 网络　　　　　图 2-13　式（2-28）的动态结构图

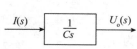

图 2-14　式（2-29）的动态结构图　　　　图 2-15　RC 网络的动态结构图

$$\frac{U_o(s)}{U_i(s)} = \frac{1}{RCs+1} \tag{2-31}$$

又如图 2-16（a）所示的 RC 无源网络，利用复阻抗的概念可直接写出以下关系式，即

$$I_1(s) = \frac{1}{R_1}\big[\,U_i(s)\,-\,U_o(s)\,\big] \tag{2-32}$$

$$I_2(s) = Cs\big[\,U_i(s)\,-\,U_o(s)\,\big] \tag{2-33}$$

$$I(s) = I_1(s)\,+\,I_2(s) \tag{2-34}$$

$$U_o(s) = I(s)\,\cdot\,R_2 \tag{2-35}$$

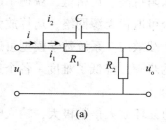

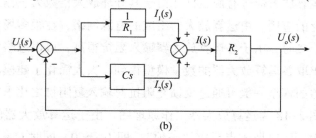

图 2-16　RC 无源网络及动态结构图

（a）RC 无源网络；（b）动态结构图

由以上关系式可建立动态结构图，如图 2-16（b）所示。由图可得出系统传递函数为

$$\frac{U_o(s)}{U_i(s)} = \frac{Cs + \dfrac{1}{R_1}R_2}{1 + \left(Cs + \dfrac{1}{R_1}\right)R_2} = \frac{R_1 R_2 Cs + R_2}{R_1 R_2 Cs + R_1 R_2} \tag{2-36}$$

对于只需要求传递函数的无源网络，不必画出动态结构图。由于无源电路网络内部不含任何电压源或电流源，只由电阻、电容、电感组合而成，因此对于串联，复阻抗等于各串联复阻抗之和；对于并联，复阻抗的倒数等于各并联复阻抗的倒数之和。通过这样的简化，利用复阻抗分压，往往就可以求出多数无源网络的传递函数。

图 2-17 所示电路为无源双 T 网络。由图可得到下列方程组，即

$$\frac{U_i(s) - U_a(s)}{\frac{1}{Cs}} = \frac{U_a(s) - U_o(s)}{\frac{1}{Cs}} + \frac{U_a(s)}{R/2} \tag{2-37}$$

$$\frac{U_i(s) - U_b(s)}{R} = \frac{U_b(s) - U_o(s)}{R} + \frac{U_b(s)}{\frac{1}{2Cs}} \tag{2-38}$$

$$\frac{U_a(s) - U_o(s)}{\frac{1}{Cs}} + \frac{U_b(s) - U_o(s)}{R} = 0 \tag{2-39}$$

上述方程组消去中间变量 $U_a(s)$ 和 $U_b(s)$，求得传递函数为

$$\frac{U_o(s)}{U_i(s)} = \frac{R^2 C^2 s^2 + 1}{R^2 C^2 s^2 + 4RCs + 1} \tag{2-40}$$

进一步，令 $s = j\omega$，可得该网络频率特性为

$$\frac{U_o(j\omega)}{U_i(j\omega)} = \frac{1 - R^2 C^2 \omega^2}{(1 - R^2 C^2 \omega^2) + j4RC\omega} \tag{2-41}$$

由式（2-41）可见，当频率很低或很高时，该网络放大倍数接近 1，当 $\omega = \frac{1}{RC}$ 时，放大倍数为零。选择合适的电阻 R 和电容 C 的值，可以滤掉频率为 ω 的干扰，这是一种使用效果很好的带阻滤波器。

运算放大器等有源器件，由于其开环放大倍数大、输入阻抗高、价格低，获得了越来越广泛的应用。由运算放大器组成的有源网络，在很多场合可取代无源网络。运算放大器相互连接时，由于各运算放大器输入阻抗很高，可以忽略负载效应。系统数学模型可通过分别求取各运算放大器的数学模型得到，大大简化了建模的步骤，降低了难度。各个运算放大器的模型一般可通过反馈复阻抗对输入复阻抗之比求得。

图 2-18 为运算放大器工作原理图。由于运算放大器的开环放大倍数极大，输入阻抗也极大，所以把 A 点看成"虚地"，即 $U_A \approx 0$，同时 $i_2 \approx 0$ 及 $i_1 \approx -i_f$。

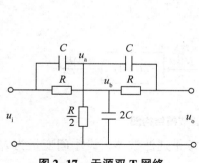

图 2-17 无源双 T 网络

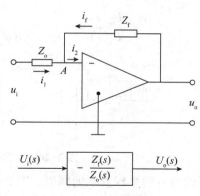

图 2-18 运算放大器

于是有

$$\frac{u_i}{Z_o} = -\frac{u_o}{Z_f} \qquad (2-42)$$

对上式进行拉氏变换，有

$$\frac{U_i(s)}{Z_o(s)} = -\frac{U_o(s)}{Z_f(s)} \qquad (2-43)$$

因此，运算放大器的传递函数为

$$\frac{U_o(s)}{U_i(s)} = -\frac{Z_f(s)}{Z_o(s)} \qquad (2-44)$$

式中：$Z_f(s)$ 和 $Z_o(s)$ 代表复阻抗。

由式（2-44）可知，若选择不同的输入电路阻抗 Z_o 和反馈回路阻抗 Z_f，就可组成各种不同的传递函数，这是运放（运算放大器）的一个突出优点。应用这一点，可以做成各种调节器和各种模拟电路。

图 2-19 为比例—积分（PI）调节器结构图，由图可求出传递函数为

$$\frac{U_o(s)}{U_i(s)} = -\frac{Z_f(s)}{Z_o(s)} =$$

$$-\frac{R_1 + \dfrac{1}{C_1 s}}{R_0} = -\left(\frac{R_1}{R_0} + \frac{1}{R_0 C_1 s}\right) = -\frac{R_1}{R_0} \cdot \frac{R_1 C_1 s + 1}{R_1 C_1 s} = -K_1 \cdot \frac{\tau_1 s + 1}{\tau_1 s} \qquad (2-45)$$

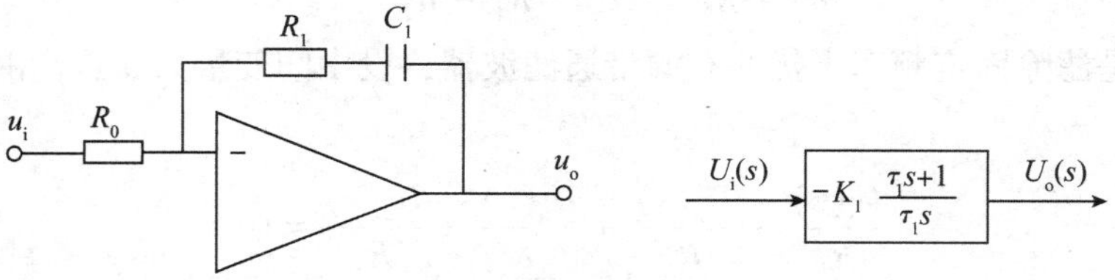

图 2-19 比例—积分调节器结构图

式中：$K_1 = \dfrac{R_1}{R_0}$；$\tau_1 = R_1 C_1$。

图 2-20 为比例—微分（PD）调节器的结构图，由图可求出其传递函数为

$$\frac{U_o(s)}{U_i(s)} = -\frac{Z_f}{Z_o} = -\frac{R_1}{R_0/(R_0 C_0 s + 1)} = -\frac{R_1}{R_0}(R_0 C_0 s + 1) \tag{2-46}$$

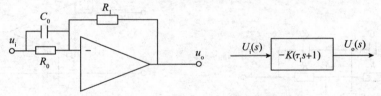

图 2-20　比例—微分（PD）调节器结构图

下面再看两个较复杂的网络。图 2-21 是一种有源带通滤波器，设中间变量为 $i_1(t)$ 、$i_2(t)$ 、$i_3(t)$ 、$i_4(t)$ 和 $u_a(t)$ ，则有方程组为

$$U_i(s) - U_a(s) = I_1(s)R_1 \tag{2-47}$$

$$I_1(s) = I_2(s) + I_3(s) + I_4(s) \tag{2-48}$$

$$I_2(s) = \frac{U_a(s)}{R_2} \tag{2-49}$$

$$I_3(s) = U_a(s) \cdot sC_1 \tag{2-50}$$

$$I_4(s) = [U_a(s) - U_o(s)] \cdot sC_2 \tag{2-51}$$

$$I_3(s) = -\frac{U_o(s)}{R_3} \tag{2-52}$$

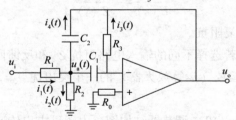

图 2-21　有源带通滤波器

消去中间变量 $I_1(s)$ 、$I_2(s)$ 、$I_3(s)$ 、$I_4(s)$ 和 $U_a(s)$ ，得该网络传递函数为

$$\frac{U_o(s)}{U_i(s)} = -\frac{\dfrac{R_2 R_3}{R_1 + R_2} C_1 s}{\dfrac{R_1 R_2 R_3}{R_1 + R_2} C_1 C_2 s^2 + \dfrac{R_1 R_2}{R_1 + R_2}(C_1 + C_2)s + 1} \tag{2-53}$$

图 2-22 是滤除固定频率干扰的有源带通滤波器，设中间变量为 $u_a(t)$ 和 $u_b(t)$ ，则有方程组为

$$\frac{U_i(s)}{R_1} + \frac{U_a(s)}{R_2} + \frac{U_a(s)}{\dfrac{1}{C_1 s}} + \frac{U_b(s)}{R_3} = 0 \tag{2-54}$$

$$\frac{U_i(s)}{R_4} + \frac{U_a(s)}{R_7} + \frac{U_o(s)}{R_8} = 0 \tag{2-55}$$

$$\frac{U_i(s)}{R_5} + \frac{U_o(s)}{R_6} + \frac{U_b(s)}{\frac{1}{C_2 s}} = 0 \tag{2-56}$$

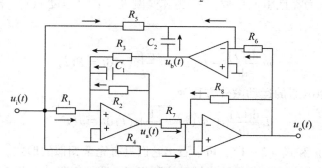

图 2-22　滤除固定频率干扰的有源带通滤波器

消去中间变量 $U_a(s)$ 和 $U_b(s)$，可得系统传递函数为

$$\frac{U_o(s)}{U_i(s)} = -\frac{R_8}{R_4} \cdot \frac{s^2 + \frac{R_1 R_7 - R_2 R_4}{R_1 R_2 R_7 C_1}s + \frac{R_4}{R_3 R_5 R_7 C_1 C_2}}{s^2 + \frac{1}{R_2 C_1}s + \frac{R_8}{R_3 R_6 R_7 C_1 C_2}} \tag{2-57}$$

选 $R_1 R_7 = R_2 R_4$，$R_4/R_5 = R_8/R_6$，则式（2-57）变为

$$\frac{U_o(s)}{U_i(s)} = -\frac{R_8}{R_4} \cdot \frac{s^2 + \frac{R_8}{R_3 R_6 R_7 C_1 C_2}}{s^2 + \frac{1}{R_2 C_1}s + \frac{R_8}{R_3 R_6 R_7 C_1 C_2}} \tag{2-58}$$

第三节　机电系统模型的相似性

前面讨论了机电系统以及它的一些典型元件的数学模型——运动微分方程和传递函数。导出了系统的数学模型之后，就可以完全不管系统的物理模型如何，只要求解数学模型，就可以对系统性能进行分析。下面看图 2-23 所示的机械系统和图 2-24 所示的相似电路（又称相似电系统）。

图 2-23 为作平移运动的机械系统，其运动微分方程（运动方程）为

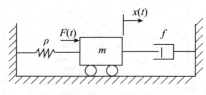

图 2-23　机械系统

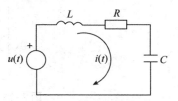

图 2-24　图 2-23 的相似电路（一）

$$m \frac{\mathrm{d}^2 x(t)}{\mathrm{d}t^2} + f \frac{\mathrm{d}x(t)}{\mathrm{d}t} + \frac{1}{\rho}x(t) = F(t) \tag{2-59}$$

式中：m 为质量；f 为黏性阻尼系数；$\frac{1}{\rho}$ 为弹簧刚度。若以速度 $v(t)$ 来代替 $\frac{\mathrm{d}x(t)}{\mathrm{d}t}$，则式 (2-59) 为

$$m \frac{\mathrm{d}v(t)}{\mathrm{d}t} + fv(t) + \frac{1}{\rho}\int v(t)\,\mathrm{d}t = F(t) \tag{2-60}$$

而图 2-24 所示相似电路的运动微分方程为

$$L \frac{\mathrm{d}i(t)}{\mathrm{d}t} + Ri(t) + \frac{1}{C}\int i(t)\,\mathrm{d}t = u(t) \tag{2-61}$$

比较式 (2-60) 和式 (2-61)，可以看出它们具有完全相似的形式。两个相似系统中相对应的物理量称之为相似量，如上述机械系统和相似电路中，驱动力源 $F(t)$ 与电压源 $u(t)$ 对应，质量 m 与电感 L 对应，黏性阻尼系数 f 与电阻 R 对应，弹簧柔度 ρ 与电容 C 对应。

分析机械系统时，如果能把它化为相似的电系统来研究，则有如下优点：

①可以将一个复杂的机械系统变换为相似电路，容易利用电路理论，如网络理论等来分析机械系统，使问题变得简单；

②可以利用相似电路来模拟机械系统，用相似电路进行系统分析（实验）时，由于电路元件易于更换，且电气参数（如电流、电压等）容易测量，可以很方便地观察系统参数的变化对系统性能的影响，从而为选定参数来构成具有优良性能的系统提供了便利。

再看图 2-25 所示的相似电路，具有 1 个电流源和 3 个无源元件 R、L 和 C。利用基尔霍夫电流定律，很容易导出节点方程为

$$C \frac{\mathrm{d}u(t)}{\mathrm{d}t} + Gu(t) + \frac{1}{L}\int u(t)\,\mathrm{d}t = i(t) \tag{2-62}$$

式中：$G = \frac{1}{R}$ 为电导。

可以看出，式 (2-62) 与式 (2-60) 完全相似。因此，图 2-25 所示的电路也是图 2-23 所示机械系统的相似电路，其对应的相似量为：驱动力源 $F(t)$ 相似于电流源 $i(t)$；质量 m 相似于电容 C；黏性阻尼系数 f 相似于电导 G；弹簧柔度 ρ 相似于电感 L 等。

应注意到图 2-24 和图 2-25 两个电路的不同是因为驱动源不同，前者为电压源，后者为电流源，它们都是图 2-23 所示的机械系统的相似电路。由于机械系统的驱动源为力源，所以人们称图 2-23 与图 2-24 的相似为力—电压相似，而将图 2-23 与图 2-25 的相似称为力—电流相似。

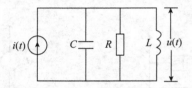

图 2-25　图 2-23 的相似电路（二）

1. 力—电压相似

对机械系统进行研究时，首先必须确定连接点、参考地和参考方向。连接点是若干机械元件相互连接的地方。若系统中各连接点的力、位移和速度都确定了，则整个系统中各元件的力、位移和速度也就确定了。规定同一刚体上的所有点都属于同一个连接点。这样，在图 2-23 中只选了一个连接点。阴影部分表示参考地，连接点的位移和速度都是相对于参考地而言的，参考方向如图 2-23 所示。前面已经得到了图 2-23 和图 2-24 所示的系统运动方程式：式（2-60）和式（2-61）。由这两个方程式可以获得力—电压相似变换表如表 2-1 所示。

表 2-1　力—电压相似变换

机械系统	相似电路
力，$F(t)$	电压，$u(t)$
位移，$x = \int v(t)\,dt$	电荷，$g = \int i(t)\,dt$
速度，$v(t) = \dfrac{dx}{dt}$	电流，$i(t) = \dfrac{dg}{dt}$
质量，m	电感，L
黏性阻尼系数，f	电阻，R
弹簧柔度，ρ	电容，C
连接点	闭合回路
参考地	地

用力—电压相似原理，将一个机械系统变换成相似的电路时，应遵循如下的变换规则：机械系统的一个连接点对应于一个由电压源和无源元件所组成的独立闭合回路，回路中的电压源和电气无源元件分别相似于机械系统中的对应元件，而参考地则相应于电系统的公共点——地。

在将机械系统变换成相似的电路时，可以只利用电路的各种符号，而参数及数值原封不动地按相似关系标注在电路图中。例如，图 2-23 所示的机械系统可变换成图 2-26 所示的相似电路，电路的符号皆用相似的机械系统的参数来标注。根据基尔霍夫电压定律，很容易写出图 2-26 的回路方程，即

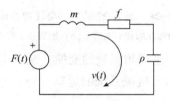

图 2-26　图 2-23 的相似电路

$$m \frac{\mathrm{d}v(t)}{\mathrm{d}t} + fv(t) + \frac{1}{\rho} \int v(t)\,\mathrm{d}t = F(t) \tag{2-63}$$

式（2-63）是图 2-23 的机械系统的运动方程式，是利用电系统的形式来表示机械系统的内容。

例 2-1 对图 2-27 所示机械平移系统进行力—电压相似变换，求出系统运动方程式。

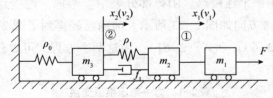

图 2-27 机械平移系统

解：由图 2-27，选择右方向为参考方向的正方向（如 x_1、x_2 和 F 的箭头所示方向）；由于 m_1 与 m_2 刚性相连，可视为一个质量块（m_1+m_2）；选择两个连接点①和②；参考地为阴影线部分。

现在画此机械系统的相似电路。因为有两个连接点，所以相似电路有两个独立的闭合回路。第一个回路相应于连接点①，由相似于连接点①上的电压源 u（力源 F），电感 L_1、L_2（质量 m_1、m_2），电容 C_1（弹簧 ρ_1）和电阻 R_1（阻尼器 f_1）所组成。第二个回路相应于连接点②，由相似于连接点②上的电感 L_3（质量 m_3），电容 C_0、C_1（弹簧 ρ_0、ρ_1）和电阻 R_1（阻尼器 f_1）所组成。可以看到 R_1 和 C_1 是两个回路共有的，所以 R_1 和 C_1 应串联在两个回路的公共支路上。由图 2-28（a）所示相似电路，很容易列出它的回路方程为

$$(L_1 + L_2)\frac{\mathrm{d}i_1}{\mathrm{d}t} + R_1(i_1 - i_2) + \frac{1}{C_1}\int(i_1 - i_2)\,\mathrm{d}t = u \tag{2-64}$$

$$L_3\frac{\mathrm{d}i_2}{\mathrm{d}t} + R_1(i_2 - i_1) + \frac{1}{C_1}\int(i_2 - i_1)\,\mathrm{d}t + \frac{1}{C_0}\int i_2\,\mathrm{d}t = 0 \tag{2-65}$$

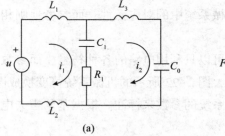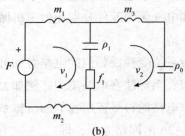

(a)　　　　　　　　　　　　(b)

图 2-28 图 2-27 的力—电压相似电路

（a）用电气参数标注的相似电路；（b）用机械参数标注的相似电路

再利用力—电压相似变换表进行相似量的变换，便可得到机械系统的运动方程式。同样，由图 2-28（b）可以直接写出机械系统的运动方程，即

$$(m_1 + m_2)\frac{\mathrm{d}v_1}{\mathrm{d}t} + f_1(v_1 - v_2) + \frac{1}{\rho_1}\int(v_1 - v_2)\,\mathrm{d}t = F \tag{2-66}$$

$$m_3 \frac{\mathrm{d}v_2}{\mathrm{d}t} + f_1(v_2 - v_1) + \frac{1}{\rho_1}\int(v_2 - v_1)\mathrm{d}t + \frac{1}{\rho_0}\int v_2 \mathrm{d}t = 0 \qquad (2\text{-}67)$$

其中，图 2-28（b）中的元件参数是根据力—电压相似变换表由图 2-27 进行相似量变换得到的。

2. 力—电流相似

若设法将机械系统中的连接点与相似电路中的节点相对应，则在变换中将显得更自然些，这就导出了力—电流相似。在这种相似变换中，通过机械元件传递的力与流经电路元件的电流相似，而连接点之间的速度差与电路中节点之间或节点与地之间的电位差相似。力—电流相似中的相似变换关系如表 2-2 所示。

表 2-2 力—电流相似变换

机械系统	相似电路
力，F	电流，i
位移，x	磁通量，φ
速度，$v = \dfrac{\mathrm{d}x}{\mathrm{d}t}$	电压，$u = \dfrac{\mathrm{d}\varphi}{\mathrm{d}t}$
质量，m	电容，C
黏性阻尼系数，f	电导，G
弹簧柔度，ρ	电感，L
连接点	节点
参考地	地

力—电流相似的变换规则为：机械系统中的一个连接点相应于相似电路中的一个节点。机械系统连接点所连接的驱动力源及无源机械元件与相似电路中的相应节点所连接的电流源及无源电路元件一一对应。同样规定，刚体上的所有点都看作处于同一连接点上。在力—电流相似中，质量 m 与电容 C 相似，而各质量 m 的速度皆是相对参考地而言。既然如此，则在相似电路中，电容的一端总是接地的，因为与质量 m 的速度 v 相似的电容两端的电位也是相对于地电位而言的。这样一来，若有两个以上的质量刚性相连，则在相似电路中相应于两个以上的电容接在节点与地之间。

例 2-2 仍以图 2-27 所示机械系统为例，应用力—电流相似，写出机械系统的运动方程式。

解：选择图中的两个连接点①和②，与之相对应，在相似电路中有节点 1 和 2。按照力—电流相似变换规则，节点 1 和地之间的电位差（速度）为 v_1，节点 2 与地之间的电位差为 v_2，两节点间的电位差为 $v_1 - v_2$。与节点 1 相连的有电流源（力源）F 和无源元件：电容（质量）m_1、m_2，电导（阻尼器）f_1，以及电感（弹簧）ρ_1；与节点 2 相连的有电容（质量）m_3、电感（弹簧）ρ_0、ρ_1 以及电导（阻尼器）f_1。节点 1、2 之间为电感 ρ_1 和

电导 f_1 并联。这样就构成了如图 2-29 所示的相似电路，在图中，电气元件的参数皆用相似的机械参数来标注。

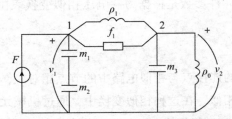

图 2-29 图 2-27 的力—电流相似电路

对此电路应用基尔霍夫电流定律，可列出节点方程。对节点 1 有

$$(m_1 + m_2) \frac{\mathrm{d}v_1}{\mathrm{d}t} + f_1(v_1 - v_2) + \frac{1}{\rho_1}\int(v_1 - v_2)\,\mathrm{d}t = F \qquad (2\text{-}68)$$

对节点 2 有

$$-\frac{1}{\rho_1}\int(v_1 - v_2)\,\mathrm{d}t - f_1(v_1 - v_2) + m_3 \frac{\mathrm{d}v_2}{\mathrm{d}t} + \frac{1}{\rho_0}\int v_2\,\mathrm{d}t = 0 \qquad (2\text{-}69)$$

或

$$m_3 \frac{\mathrm{d}v_2}{\mathrm{d}t} + f_1(v_2 - v_1) + \frac{1}{\rho_1}\int(v_2 - v_1)\,\mathrm{d}t + \frac{1}{\rho_0}\int v_2\,\mathrm{d}t = 0 \qquad (2\text{-}70)$$

由式（2-70）可以看到，得到的运动方程式与前面导出的结果相同，这就表明无论是应用力—电压相似，还是应用力—电流相似，皆可获得机械系统的相似电路。

上面讨论了机械平移系统的相似变换，对于机械转动系统同样可以根据力—电压相似或力—电流相似的原理来进行相似变换，只不过要将机械转动系统中的参数变成机械平移系统中的相似量，其相似关系如表 2-3 所示。下面举例说明。

表 2-3 机械平移系统与机械转动系统相似变换

机械平移系统	机械转动系统
力，F	外力转矩，M
位移，x	角位移，θ
速度，$v = \dfrac{\mathrm{d}x}{\mathrm{d}t}$	角速度，$\Omega = \dfrac{\mathrm{d}\theta}{\mathrm{d}t}$
加速度，$a = \dfrac{\mathrm{d}^2 x}{\mathrm{d}t^2} = \dfrac{\mathrm{d}v}{\mathrm{d}t}$	角加速度，$a = \dfrac{\mathrm{d}^2\theta}{\mathrm{d}t^2} = \dfrac{\mathrm{d}\Omega}{\mathrm{d}t}$
质量，m	转动惯量，J
黏性阻尼系数，f	旋转黏性阻尼系数，f_θ
弹簧柔度，ρ	弹簧扭转柔度，ρ_θ

例 2-3 试画出图 2-30 所示机械转动系统的相似电路图,并导出机械系统的运动方程式。图中:参数 M 为作用在飞轮上的外力矩;J 为飞轮转动惯量;ρ_θ 为轴的弹簧扭转柔度;f_θ 为飞轮黏性阻尼系数;θ 为轴的扭转角位移。

解:利用力(力矩)—电流相似原理来进行研究。选择飞轮为连接点,它连接力矩源 M 和 3 个元件:扭转刚度为 $\dfrac{1}{\rho_\theta}$ 的轴,转动惯量为 J 的飞轮,以及黏性阻尼系数为 f_θ 的阻尼器。这相应于相似电路中有一个节点,它连接 1 个电流源(力矩源)和 3 个元件:电容 C(转动惯量 J),电导 G(黏性阻尼系数 f_θ)电感 L(弹簧扭转柔度 ρ_θ)。相似电路图如图 2-31 所示,由图可得节点方程为

$$C\frac{\mathrm{d}u}{\mathrm{d}t} + Gu + \frac{1}{L}\int u\mathrm{d}t = i \tag{2-71}$$

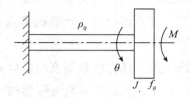
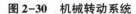

图 2-30　机械转动系统

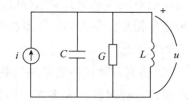

图 2-31　图 2-30 的相似电路图

根据力(力矩)—电流相似变换关系很容易写出相似方程,即

$$J\frac{\mathrm{d}\Omega}{\mathrm{d}t} + f_\theta\Omega + \frac{1}{\rho_\theta}\int\Omega\mathrm{d}t = M \tag{2-72}$$

式(2-72)是机械转动系统的运动方程式。

第四节　控制系统仿真理论基础

一、控制系统仿真的概念和步骤

1. 仿真的基本概念

仿真的基本思想是利用物理或者数学模型来模仿现实过程,以寻求对真实过程的认识,它遵循相似性原理。仿真技术具有经济、实用、灵活、可靠、安全和可重复使用等优点,是对复杂系统进行分析、设计、实验和评估必不可少的技术手段。

仿真技术得以发展的主要原因,是它所带来的巨大社会经济效益。在航空工业方面,采用仿真技术使大型客机的设计和研制周期缩短 20%,利用飞行仿真器在地面训练飞行员,不仅节省大量燃料和经费(其经费仅为空中飞行训练的 1/10),而且不受气象条件和场地的限制。此外,在飞行仿真器上可以设置一些在空中训练时无法设置的故障,培养飞

行员应对故障的能力。训练仿真器所特有的安全性也是仿真技术的一个重要优点，在航天工业方面，采用仿真实验代替实弹试验可使实弹试验的次数减少 80%；在电力工业方面，采用仿真系统对核电站进行调试、维护和排除故障，一年即可收回建造仿真系统的成本。而 20 世纪 80 年代以来数字计算机的高速发展真正将计算机仿真技术带入蓬勃发展的时代，现代仿真技术不仅应用于传统的工程领域，而且日益广泛地应用于社会、经济、生物等领域，如交通控制、城市规划、资源利用、环境污染防治、生产管理、市场预测、世界经济的分析和预测、人口控制等。

2. 计算机仿真的分类

可以从模型和计算机类型两个方面对计算机仿真进行分类。

（1）按模型分类

模型是指对现实系统有关结构信息和行为的某种形式的描述，是对系统特征与变化规律的一种定量抽象，是人们认识事物的一种手段和工具。按模型分类，计算机仿真可分为物理仿真和数学仿真。

1）物理仿真。物理仿真是采用物理模型，有实物介入，具有效果逼真、精度高等优点，但造价高、耗时长，大多在一些特殊场合下采用（如导弹卫星一类飞行器的动态仿真，发电站综合调度仿真与培训系统等），具有实时性。

2）数学仿真。数学仿真是采用数学模型，在计算机上进行仿真，具有非实时、离线等特点，优点是经济、快速且实用。

（2）按计算机类型分类

按计算机类型分类，计算机仿真可以分为模拟计算机仿真、数字计算机仿真和混合计算机仿真。

1）模拟计算机仿真。由于模拟计算机能快速解算常微分方程，所以当采用模拟计算机仿真时，应设法建立描述系统特性的连续时间模型。模拟计算机仿真的特点是描述连续物理系统的动态过程比较自然、逼真，具有仿真速度快、失真小和结果可靠等优点，但受元器件性能影响，仿真精度较低，对计算机控制系统的仿真较困难，自动化程度低。

2）数字计算机仿真。数字计算机仿真是把数学模型当作数字计算问题，用求解的方法进行处理，随着数值分析及相关软件的发展，数字仿真领域不断扩大。由于数字计算机不仅能解算常微分方程，而且还有较强的逻辑判断能力，所以数字仿真可以应用于任何领域，如系统动力学问题，系统中的排队、管理决策问题。其主要缺点是计算速度不如模拟计算机仿真。

3）混合计算机仿真。混合计算机仿真是指将模拟计算机仿真和数字计算机仿真相结合的仿真实验。

3. 控制系统仿真

控制系统仿真是系统仿真的一个重要分支，它是涉及自动控制理论、计算数学、计算机技术、系统辨识、控制工程，以及系统科学的一门综合性学科，它为控制系统的分析、计算、研究、设计，以及控制系统的计算机辅助教学提供了快速、经济、科学和有效的手段。

控制系统仿真是以控制系统模型为基础，采用数学模型描述实际的控制系统，以计算机为工具，对控制系统进行实验、分析、预测和评估的一种技术方法。

控制系统仿真的主要研究内容通过系统的数学模型和计算方法，编写程序运算语句，使之能自动求解各环节变量的动态变化情况，得到关于系统输出和所需要的中间各变量的有关数据、曲线等，以实现对控制系统性能指标的分析与设计。

4. 控制系统仿真研究的步骤

控制系统仿真过程总体上分为系统建模、仿真建模、仿真实验和结果分析这 4 个步骤，联系这些步骤的三要素是系统、模型和计算机，如图 2-32 所示。其中，系统是所研究的对象，模型是对系统的数学抽象，计算机是进行仿真的工具和手段。

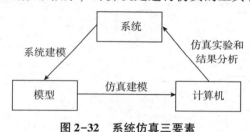

图 2-32　系统仿真三要素

（1）系统建模

系统建模就是建立所研究控制系统的数学模型，具体是指建立描述控制系统输入、输出变量，以及内部变量之间关系的数学表达式。

（2）仿真建模

仿真建模是根据所建立控制系统的数学模型，用适当的算法和仿真语言转换为计算机可以实施计算和仿真的模型。

（3）仿真实验

具备了仿真模型，下一步就是对模型进行仿真实验。仿真实验首先需要根据所使用的仿真软件编写仿真程序，将仿真模型载入计算机，再按照预先设计的实验方案运行仿真程序，得到一系列仿真实验结果。

（4）结果分析

通过对仿真实验结果进行分析来检验仿真模型和仿真程序的正确性，多次反复分析和修改后，最终可以得到预期或满意的仿真结果。

控制系统仿真的流程图如图 2-33 所示。

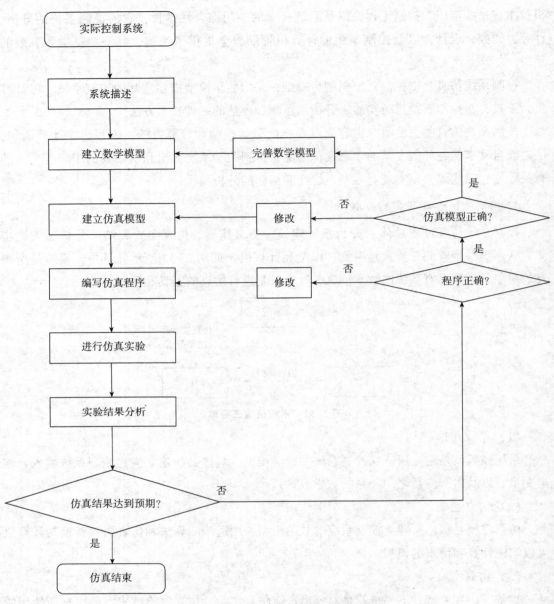

图 2-33 控制系统仿真流程图

二、MATLAB/Simulink 控制系统仿真基础

1. MATLAB 简介

MATLAB 是美国 MathWorks 公司出品的商业数学软件，是用于算法开发、数据可视化、数据分析，以及数值计算的高级语言和交互式环境，主要包括 MATLAB 和 Simulink 两大部分。作为目前国际上最流行、应用最广泛的科学与工程计算软件，MATLAB 具有其独树一帜的优势和特点。

（1）简单易用的程序语言

尽管 MATLAB 是一门编程语言，但与其他语言（如 C 语言）相比，它不需要定义变量和数组，使用更加方便，并具有灵活和智能化的特点。

（2）代码短小高效

MATLAB 程序设计语言集成度高，语言简洁。对于用 C/C++等语言编写的数百条语句，若使用 MATLAB 编写，几条或几十条就能解决问题，而且程序可靠性高，易于维护，可以大大提高解决问题的效率与水平。

（3）功能丰富，可扩展性强

MATLAB 软件包括基本部分和专业扩展部分，基本部分包括矩阵的运算，各种变换、代数与超越方程的求解，数据处理与数值积分等，可以充分满足一般科学计算的需要；专业扩展部分称为工具箱（Toolbox），用于解决某一方面或某一领域的专门问题。

（4）出色的图形处理能力

MATLAB 提供了丰富的图形表达函数，可以将实验数据或计算结果用图形的方式表达出来，并可以将一些难以表达的隐函数直接用曲线绘制出来，不仅可以方便灵活地绘制一般的一维、二维图像，还可以绘制工程特性较强的特殊图形。

（5）强大的系统仿真功能

应用 MATLAB 最重要的软件包之一——Simulink 提供的面向框图模块库的建模与仿真功能，可以很容易地构建系统的仿真模型，准确地进行仿真分析。

2. 操作界面介绍

以 MATLAB 2016a 为例，MATLAB 含有大量的交互工作界面，这些交互工作界面按一定的次序和关系被链接在一个高度集成的工作界面 MATLAB desktop 中。图 2-34 为默认的 MATLAB 主界面，主界面上有 4 个最常用的窗口：命令窗口（command window）、命令历史窗口（command history）、当前目录窗口（current folder）和工作区（workspace）。以下仅介绍其中的命令窗口和命令历史窗口。

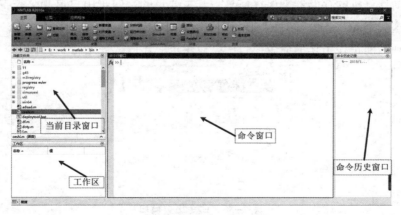

图 2-34 默认的 MATLAB 主界面

（1）命令窗口

命令窗口是接受命令输入的窗口。可输入的对象除 MATLAB 命令之外，还包括函数、表达式、语句，以及 M 文件或 MEX 文件名等。为叙述方便，这些可输入的对象以下通称为语句。

在命令中输入语句，然后由 MATLAB 逐句解释执行，并在命令窗口中给出结果。命令窗口可显示除图形以外的所有运算结果。初学者在开始学习时可以将命令窗口当作简单的计算器来学习。如图 2-35 所示，MATLAB 可以计算输入的数学运算式并且给出结果。

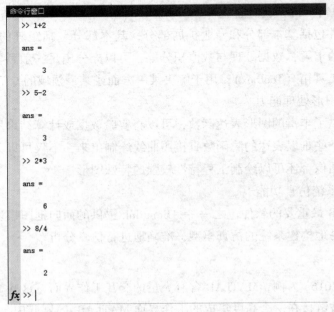

图 2-35　命令窗口

（2）命令历史窗口

命令历史窗口是 MATLAB 用来存放曾在命令窗口中使用过的语句的窗口，如图 2-36 所示，它借助计算机的存储器来保存信息，其主要目的是便于用户追溯、查找曾经用过的语句，利用这些资源节省编程时间。对于命令历史窗口中的内容，可以在选中的前提下，将它们复制到当前正在工作的命令窗口中，以供进一步修改或运行。

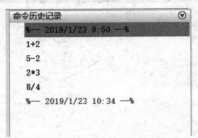

图 2-36　命令历史窗口

3. MATLAB 的帮助系统

MATLAB 的各个版本都为用户提供了详细的帮助系统，可以帮助用户更好地了解和运用 MATLAB。因此，不论用户是否使用过 MATLAB，都应该了解和掌握 MATLAB 的帮助系统。

在 MATLAB 中所有执行命令或者函数的 M 文件都有较为详细的注释，这些注释都是用纯文本的形式来表示的，一般都包括函数的调用格式或输入函数、输出结果的含义。用户可以单击软件上方"⊙"图标进入帮助系统，也可以在右上方的搜索栏里直接输入想要查询的命令或函数名，进入联机帮助系统。

在 MATLAB 中，各个工具包都有设计好的演示程序。这组演示程序在交互界面中运行，操作非常简便。因此，如果用户运行这组演示程序并且研究相关的 M 文件，这对提高用户的 MATLAB 应用能力有重要作用；特别是对初学者而言，在不需要了解复杂程序的情况下就可以直观地查看程序结果，实现 MATLAB 的快速掌握。

在 MATLAB 的命令窗口中输入"demo"命令，就可以调用关于演示程序的帮助对话框，如图 2-37 所示。

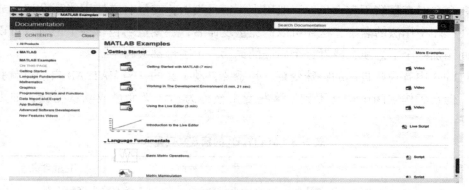

图 2-37　关于演示程序的帮助对话框

4. 工具箱

工具箱实际上是用 MATLAB 的基本语句编成的各种子程序集，用于解决某一方面的专门问题或实现某一类的新算法。MATLAB 的工具箱大致可分为两类：功能型工具箱和领域型工具箱。功能型工具箱主要用来扩充 MATLAB 的符号计算功能、图形建模仿真功能、文字处理功能，以及硬件实时交互功能，能用于多种学科。领域型工具箱是学科专用工具箱，其专业性很强，比如控制系统工具箱（control system toolbox）、信号处理工具箱（signal processing toolbox）、财政金融工具箱（financial toolbox）。

例如，控制系统工具箱包括：连续系统设计和离散系统设计；状态空间、传递函数以及模型转换；时域响应（脉冲响应、阶跃响应、斜坡响应）；频域响应（Bode 图、Nyquist 图）；根轨迹、极点配置。

5. 基本要素

MATLAB 基本要素包括变量、数值、复数、字符串、运算符和标点符等。

(1) 变量

MATLAB 不要求用户在输入变量的时候进行声明，也不需要指定变量类型。MATLAB 会自动依据所赋予的变量值或对变量进行的操作来识别变量的类型。在赋值过程中，如果变量已存在，那么 MATLAB 将使用新值替换旧值，并替换其类型。

在 MATLAB 语言中，变量的命名遵循如下规则：

1）变量名区分大小写，如 feedback 和 Feedback 表示两个不同的变量；

2）变量长度不超过 31 位，超过部分将被 MATLAB 语言所忽略；

3）变量名以字母开头，第一字母后可以使用字母、数字、下划线，但不能使用空格和标点符号；

4）一些常量也可以作为变量使用，例如，i 和 j 在 MATLAB 中表示虚数的单位，但也可作为变量使用，比如循环语句中常使用 i 和 j 作为循环变量。

在 MATLAB 语言中，定义变量时应尽量避免和常量名重复，以防改变这些常量的值。同时，在命名时变量名不宜太长，一般用小写字母表示；变量名应使用能帮助记忆或能够提示其在程序中用法的名字，这样可以避免重复命名；当变量名包含多个词时，可以在每个词之间添加一个下划线，或者每个内嵌的词第一个字母都大写。

MATLAB 中有一些自己的特殊变量，是系统自动定义的，当 MATLAB 启动时就驻留在内存中，但在工作空间中却看不到，这些变量被称为预定义变量或默认变量，如表 2-3 所示。

表 2-3　MATLAB 的预定义变量

名称	变量含义	名称	变量含义
ans	计算结果的默认变量名	nargin	函数输入变量个数
beep	计算机发出"嘟嘟"声	nargout	函数输出变量个数
bitmax	最大正整数，即 $9.007\,2×10^{15}$	pi	圆周率 π
eps	计算机中的最小数，即 2^{-52}	realmin	最小正实数 $2^{-102\,2}$
i 或 j	虚数单位	realmax	最大正实数 $2^{1\,023}$
Inf 或 inf	无穷大	varagin	可变的函数输入变量个数
NaN 或 nan	不定值	varagout	可变的函数输出变量个数

在未加特殊说明的情况下，MATLAB 语言将所识别的一切变量视为局部变量，即仅在其使用的 M 文件内有效。若要将变量定义为全局变量，则应当对变量进行说明，即在该变量前加关键字 global。一般来说全局变量均用大写英文字符表示。

（2）数值

在 MATLAB 中，数值表示既可以使用十进制计数法，也可以使用科学计数法。所有数值均按 IEEE 浮点标准规定的长型格式存储，数值的有效范围为 $10^{-308} \sim 10^{308}$。

（3）复数

MATLAB 中复数的基本单位表示为 i 或 j。可以利用以下语句生成复数：

1）z=a+bi 或 z=a+bj；

2）z=r＊exp（θ＊i），其中 r 是复数的模，θ 是幅角的弧度值。

（4）字符串

在 MATLAB 中创建字符串的方法是，将创建的字符串放入单引号中。注意，单引号必须在英文状态下输入，而字符串内容可以是中文。

例 2-4　显示字符串"欢迎使用 MATLAB"。

解： 在 MATLAB 命令窗口中输入下列语句。

```
>> '欢迎使用 MATLAB'
```

运行结果为：

```
ans =

欢迎使用 MATLAB
```

（5）运算符和标点符

MATLAB 中常用的运算符和标点符，如表 2-4 所示。

表 2-4　MATLAB 中常用的运算符和标点符

运算符和标点符	使用说明
+	相加；加法运算符
−	相减；减法运算符
*	标量和矩阵乘法运算符
.*	阵列乘法运算符
^	标量和矩阵求幂运算符
.^	阵列求幂运算符
\ \	左除法运算符
/	右除法运算符
.\ \	阵列左除法运算符
./	阵列右除法运算符
:	冒号；生成规则间隔的元素，并表示整个行或列
( )	圆括号；包含函数参数和数组索引；覆盖优先级
[ ]	方括号；矩阵定义

运算符和标点符	使用说明
｛ ｝	花括号；构成元胞数组
.	小数点
…	省略号；行连续运算符
,	逗号；分隔一行中的语句和元素
;	分号；分隔列并抑制输出显示
%	百分号；指定一个注释并指定格式
_	引用符号和转置运算符
._	非共轭转置运算符
=	赋值运算符

6. Simulink 模块库概述

Simulink 模块库是一个用来进行动态系统建模、仿真和分析的集成软件包，利用它可以实现各种动态系统的仿真，其广泛应用于各种线性系统、非线性系统、连续时间系统、离散时间系统甚至混合连续—离散时间系统的仿真。

Simulink 模块库内容丰富，包括信号源（Sources）模块库、信宿（Sinks）模块库、连续系统（Continuous）模块库、离散系统（Discrete）模块库、数学运算（Math Operation）模块库等许多标准模块，此外用户还可以根据自己的需要自定义模块和创建模块。

Simulink 模块库中提供了用户图形界面。用户可以通过鼠标操作从模块库中调用所需模块，将它们按照要求连接起来以构成动态系统模型，随后通过各个模块的参数对话框设置各个模块的参数，建立起该系统的模型；最后通过选择仿真参数和数值算法便可启动仿真程序对系统进行仿真。

在仿真的过程中，用户可以通过不同的输出方式来观察仿真结果。例如，可以使用 Sinks 模块库中的 Scope（示波器）模块或其他显示模块来观察有关信号的变化曲线，也可以将结果存放在 MATLAB 的工作空间中，供以后处理和使用。根据所得的仿真结果，用户可以调整系统参数，观察、分析系统仿真结果的变化，从而获得更加理想的仿真结果。

7. Simulink 模块库的运行

在 MATLAB 命令窗口中输入"Simulink"或者单击 MATLAB 主窗口工具栏中的"Simulink"按钮，即可启动 Simulink 模块库。Simulink 模块库启动后会显示如图 2-38 所示的 Simulink 模块库主窗口。

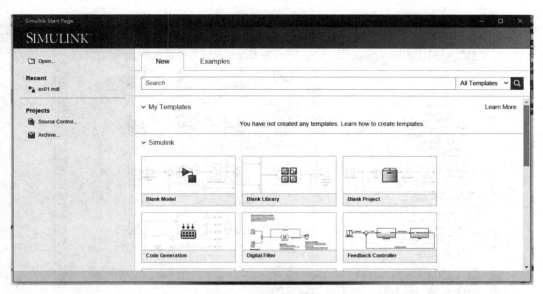

图2-38 Simulink模块库主窗口

在 Simulink 模块库主窗口中单击"Blank Model"模板，系统会弹出一个名为"untitled"的模型编辑窗口，如图2-39所示。模型编辑窗口是模型建立的载体。

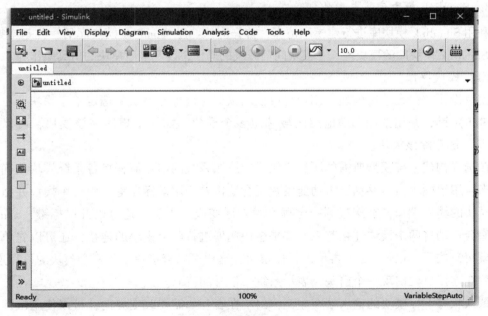

图2-39 模型编辑窗口

如图2-40所示，在模型编辑窗口中单击"模块库"按钮即可打开Simulink模块库浏览器窗口，单击所需的模块，列表窗口的上方将会显示所选模块的信息；可以在Simulink模块库浏览器窗口左上方的文本框中直接输入模块名并进行查询。利用模型编辑窗口，通过鼠标拖动模块在其上建立一个完整的模型。

图 2-40 Simulink 模块库浏览器窗口

8. Simulink 模块库基本操作

利用 Simulink 模块库进行建模和仿真，首先应该熟悉 Simulink 模块库的一些基本操作，包括 Simulink 模块库的模块操作，模块间信号线的操作，以及最后模块的仿真操作等。

（1）模块操作

模块操作首先是选定模块，用户可以使用鼠标左键单击模块来选定单个模块，也可按住〈Shift〉键，并用鼠标右键拖拉区域选定多个模块。如果不想使用该模块，可以按下〈Delete〉键删除该模块。

在选择构建系统模型所需的所有模块后，按照系统的信号流程将各系统模块正确地连接起来。用鼠标单击并移动所需功能模块至合适位置，用鼠标左键选中一个模块并拖动到目标模块的输入端口，在接近到一定程度时光标变成双十字。这时松开鼠标键，Simulink 模块库会自动将两个模块连接起来。如果想快速地进行两个模块的连接，还可以先单击选中源模块，按下〈Ctrl〉键，再单击目标模块，这样可以直接建立起两个模块的可靠连接，完成后在连接点处出现一个箭头，表示系统中信号的流向。

默认状态下，模块的输入端在左，输出端在右。如需要改变方向，可以使用鼠标右键选择"Rotate&Flip"菜单将模块旋转，也可以使用组合键〈Ctrl+R〉将模块顺时针旋转180°，使用组合键〈Ctrl+Shift+R〉将模块逆时针旋转180°。

最重要的是模块参数的设置。用鼠标双击模块即可打开其参数设置对话框，然后可以通过改变对话框提供的对象进行参数的设置。

（2）信号线操作

与模块操作类似，信号线的移动可以用鼠标右键按住拖拉，信号线的删除可以按下

〈Delete〉键。

1）线的分支。在实际模型中，一个信号往往需要分送到不同模块的多个输入端，此时就需要绘制信号的分支线。其操作步骤为：按住鼠标右键，在需要分支的地方拉出即可。如果模块只有一个输入端和一个输出端，那么该模块可以直接插入一条信号线中，只要选中待插入模块，按住鼠标左键拖动至信号线上即可。

2）设定信号线标签。信号线也可以添加标签，只要使用鼠标左键双击待添加标识的信号线，在弹出的空白文本框中输入文本，就是该信号线的标签。输入完毕后，在模型窗口内其他任意位置单击鼠标左键就可以退出编辑。

3）线的折弯。有时在建立模型时需要对信号线进行折弯，其操作步骤为：按住〈Shift〉键，再用鼠标在要折弯的线处单击一下，就会出现圆圈，表示折点，利用折点就可以改变线的形状。

（3）仿真操作

Simulink 模型建立完成后，就可以对其进行仿真运行。用鼠标单击 Simulink 模型窗口工具栏内的"仿真启动或继续"按钮即可启动仿真。在仿真过程中可以单击"终止仿真"按钮来终止本次仿真。

启动仿真过程后将以默认参数为基础进行仿真，用户还可以自己设置需要的控制参数，打开菜单栏中"Simulation"子菜单下的"Model Configuration Parameters"选项将得到如图 2-41 所示的仿真参数设置对话框。用户可以从中填写相应的数据控制仿真过程。

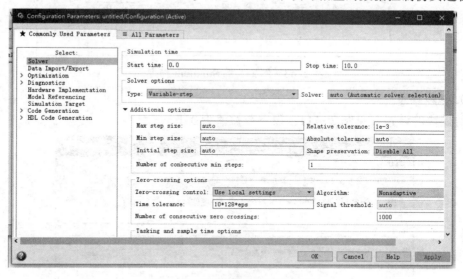

图 2-41　仿真参数设置对话框

9. 建模与仿真

Simulink 模块库提供了友好的图形交互界面，模型由模块组成的框图表示，用户通过单击和拖动鼠标的操作即可完成系统建模，而且 Simulink 模块库支持线性和非线性系统、连续和离散时间系统，以及混合系统的建模与仿真。

不管控制系统是由系统框图描述，还是由微分方程、状态空间描述，都可以很方便地用 Simulink 模块库建立其模型。

例 2-5 控制系统方框图如图 2-42 所示，试建立 Simulink 模型并显示在单位阶跃信号输入下的仿真结果。

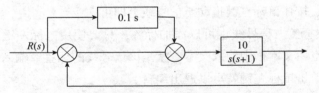

图 2-42　控制系统方框图

解： 由于本例直接给出了控制系统方框图，所以只要在模型编辑窗口中按图搭建模型即可。

（1）建立 Simulink 模型

建立的 Simulink 模型如图 2-43 所示。

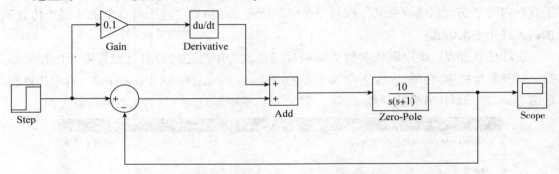

图 2-43　例 2-5 的 Simulink 模型

（2）参数设置

增益模块的设置（见图 2-44）：设置增益值为 0.1。

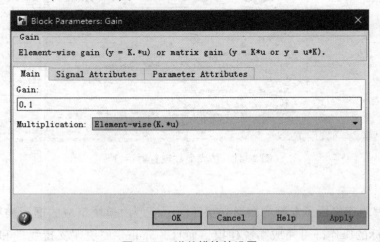

图 2-44　增益模块的设置

求和模块的设置（见图2-45）：改变对话框中的"+"符号，可以将求和模块的一端设置为"-"。

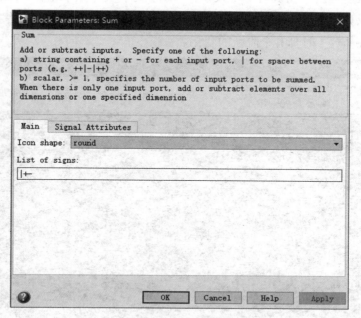

图2-45 求和模块的设置

零极点增益模块的设置（见图2-46）：设置零点、极点和增益值。

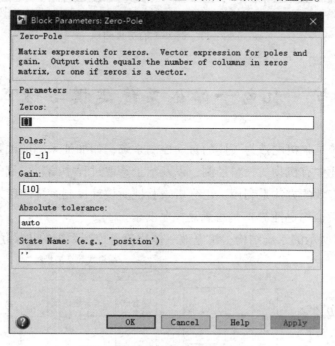

图2-46 零极点增益模块的设置

阶跃信号输入模块的默认输入值是单位阶跃信号，所以不必修改。

（3）仿真结果

设置好参数后单击"仿真启动"按钮，待仿真运行完毕后双击打开示波器可看到输出波形，仿真结果如图2-47所示。由图可见，输出响应曲线从$t=1$ s开始上升，这是因为单位阶跃输入在$t=1$ s时刻有个阶跃的变化。

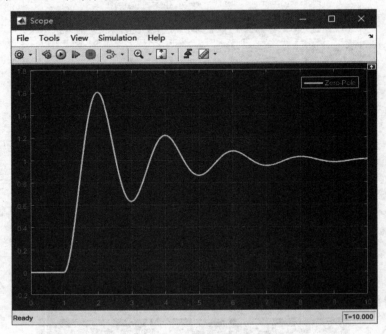

图2-47　例2-5的仿真结果

第五节　机电一体化系统建模与仿真实例

流量控制系统是集机电液为一体的自动控制系统，如加油系统的油量控制、水位的精确控制、化工企业中有机物的投料控制，以及稀土萃取过程中给料控制等。检测流量控制系统的性能，最有效的方法是利用理论分析来验证所设计控制系统的各方面性能（系统的响应速度、超调量、稳定性等）是否满足控制要求。

对于图2-48所示的系统结构，机电液一体化流量控制系统的建模仿真步骤如下。

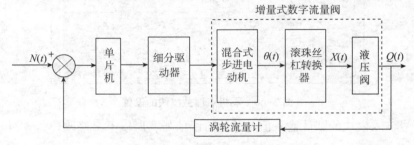

图2-48　系统结构

1. 建立系统数学模型

建立输入信号脉冲与步进电动机（电机）转速、步进电动机转速与流量阀芯位移、流量阀芯位移与流量输出、反馈装置的涡轮流量计4个环节的数学模型。得到传递函数为

$$G_1(s) = 1.8 \tag{2-73}$$

$$G_2(s) = \frac{3.258}{0.145s^2 + 5.655s + 2046.2} \tag{2-74}$$

$$G_3(s) = \frac{0.453}{0.016s + 1} \tag{2-75}$$

$$G_4(s) = \frac{1}{64.98s + 1} \tag{2-76}$$

2. 编写 M 文件

在 MATLAB 中，使用函数 tf（）建立或转换控制系统的传递函数模型，使用函数 series（）串联传递函数模型，使用函数 feedback（）实现模型的反馈连接，使用函数 pid（）建立 PID 控制器。

打开 MATLAB，单击左上角"新建"按钮，新建一个函数编辑器，输入如下程序。

```
num1 = [1.8];    % 建立式（2-73）的传递函数模型
den1 = [1];
sys1 = tf（num1, den1）
num2 = [3.258];    % 建立式（2-74）的传递函数模型
den2 = [0.145 5.655 2046.2];
sys2 = tf（num2, den2）
num3 = [0.453];    % 建立式（2-75）的传递函数模型
den3 = [0.016 1];
sys3 = tf（num3, den3）
num4 = [1];    % 建立式（2-76）的传递函数模型
den4 = [64.98 1];
sys4 = tf（num4, den4）
G1 = series（sys1, sys2）    % 将 sys1 与 sys2 串联
G2 = series（G1, sys3）    % 将 G1 与 sys3 串联
p = pid（769.1, 11.88, 0.01）    % 建立 PID 控制器
G = p * G2    % 将 PID 控制器与传递函数连接
sys = feedback（G, sys4, -1）    % 建立 sys4 对系统的负反馈
```

编写完成后单击"保存"按钮，将所编写的程序保存，然后单击"运行"按钮，运行编写的 M 文件。在 MATLAB 的命令窗口可得到建立好的数学模型如图2-49所示。

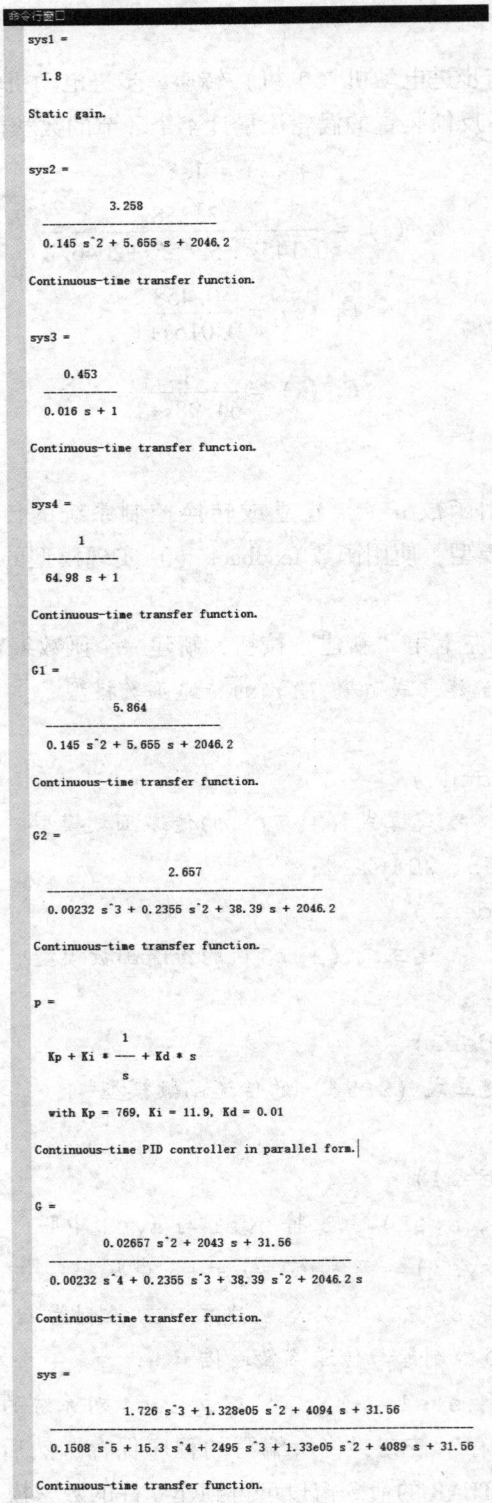

```
命令行窗口
sys1 =

    1.8

Static gain.


sys2 =

              3.258
    ---------------------------
    0.145 s^2 + 5.655 s + 2046.2

Continuous-time transfer function.


sys3 =

        0.453
    -------------
    0.016 s + 1

Continuous-time transfer function.


sys4 =

        1
    -------------
    64.98 s + 1

Continuous-time transfer function.


G1 =

              5.864
    ---------------------------
    0.145 s^2 + 5.655 s + 2046.2

Continuous-time transfer function.


G2 =

                    2.657
    ------------------------------------------
    0.00232 s^3 + 0.2355 s^2 + 38.39 s + 2046.2

Continuous-time transfer function.


p =

                1
    Kp + Ki * --- + Kd * s
                s

    with Kp = 769, Ki = 11.9, Kd = 0.01

Continuous-time PID controller in parallel form.


G =

              0.02657 s^2 + 2043 s + 31.56
    ------------------------------------------------
    0.00232 s^4 + 0.2355 s^3 + 38.39 s^2 + 2046.2 s

Continuous-time transfer function.


sys =

              1.726 s^3 + 1.328e05 s^2 + 4094 s + 31.56
    ----------------------------------------------------------------
    0.1508 s^5 + 15.3 s^4 + 2495 s^3 + 1.33e05 s^2 + 4089 s + 31.56

Continuous-time transfer function.
```

图 2-49 命令窗口显示的数学模型

3. 仿真

对建立好的传递函数模型进行分析，本节中只在时域中进行脉冲输入响应和阶跃输入响应的分析。

（1）脉冲输入响应

在 MATLAB 命令窗口中输入 ">> impulse（sys）"，按下〈Enter〉键，即可得到系统的脉冲响应曲线，在图上将峰值位置与调节时间的位置标出，如图 2-50 所示。

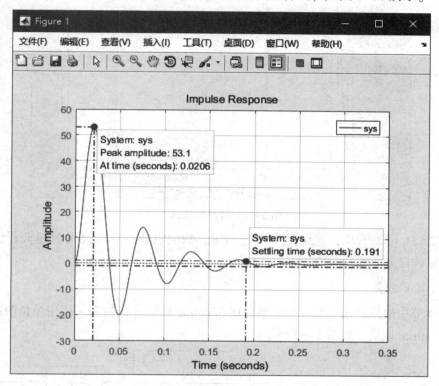

图 2-50 脉冲响应曲线

从图 2-50 可以看出，系统的响应速度十分理想，在大约 0.2 s 时系统就已经处于稳定状态，动态性能良好。

（2）阶跃输入响应

在 MATLAB 命令窗口中输入 ">> step（sys）"，按下〈Enter〉键即可得到系统的阶跃响应曲线，在图上将超调量、峰值时间和上升时间的位置标出，如图 2-51 所示。

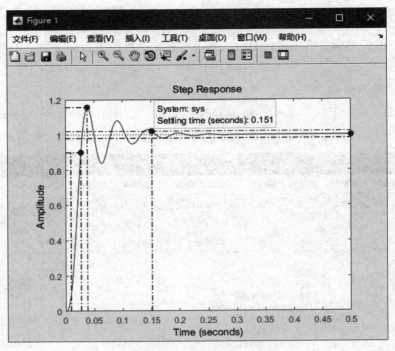

图2-51　阶跃响应曲线

从图2-51可以看出，系统的上升时间短，响应迅速，没有过大的超调量，大约在0.15 s时系统已处于稳定状态。

4. Simulink仿真

根据本节中的系统结构和数学模型构建 Simulink 模型进行仿真，使用单位阶跃信号输入构建 Simulink 模型，如图2-52所示。

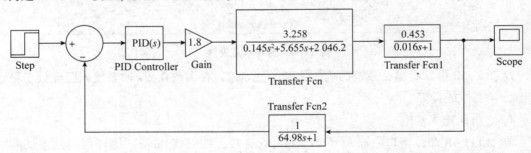

图2-52　图2-48系统的 Simulink 模型

图2-52中的模块参数设置如下。

1）Step 模块：双击该模块，弹出如图2-53所示的参数对话框，设定"Step time"为"0"，"Initial value"为"0"，"Final value"为"1"，表示输入为单位阶跃信号。

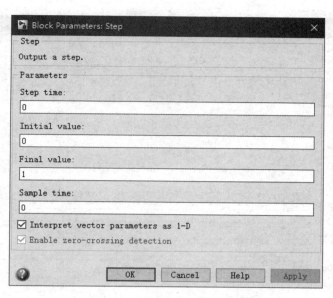

图 2-53　Step 模块中的参数对话框

2）Sum 模块：双击该模块，弹出如图 2-54 所示的参数对话框，设定"list of signs"为"｜+–"，表示负反馈控制系统。

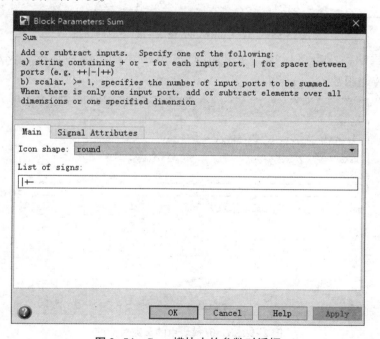

图 2-54　Sum 模块中的参数对话框

3）PID Controller 模块：双击该模块，弹出如图 2-55 所示的参数对话框，输入比例系数、积分时间和微分时间的值。

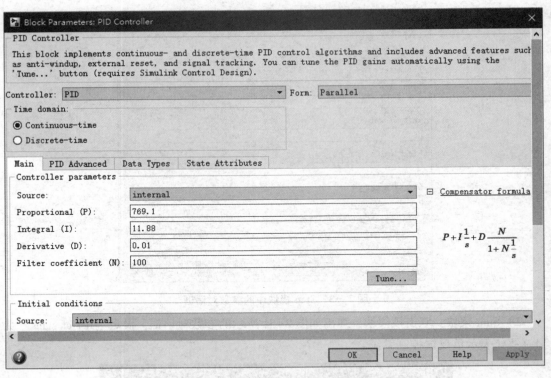

图 2-55 PID Controller 模块中的参数对话框

4）Gain 模块：双击该模块，弹出如图 2-56 所示的参数对话框，设定"Gain"为 "1.8"，表示传递函数 $G_1(s) = 1.8$。

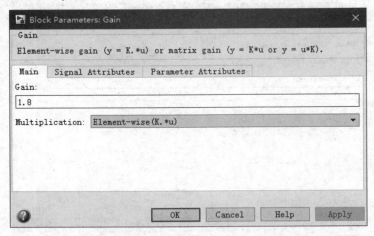

图 2-56 Gain 模块中的参数对话框

5）Transfer Fcn 模块：双击该模块，弹出如图 2-57 所示的参数对话框，设定 "Numerator coefficients"为 [3.258]，"Denominator coefficients"为"[0.145 5.655 2046.2]"，表示传递函数 $G_2(s) = \dfrac{3.258}{0.145s^2 + 5.655s + 2\,046.2}$。

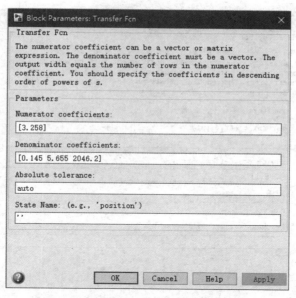

图2-57　Transfer Fcn 模块中的参数对话框

6）Transfer Fcn1 模块：双击该模块，弹出如图2-58所示的参数对话框，设定"Numerator coefficients"为"[0.453]"，"Denominator coefficients"为"[0.016 1]"，表示传递函数 $G_3(s) = \dfrac{0.453}{0.016s+1}$。

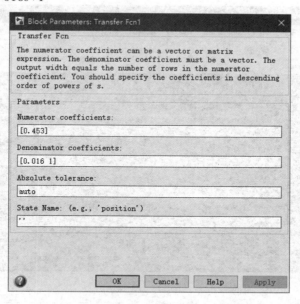

图2-58　Transfer Fcn1 模块中的参数对话框

7）Transfer Fcn2 模块：双击该模块，弹出如图2-59所示的参数对话框，设定"Numerator coefficients"为"[1]"，"Denominator coefficients"为"[64.98 1]"，表示传递函数 $G_4(s) = \dfrac{1}{64.98s+1}$。

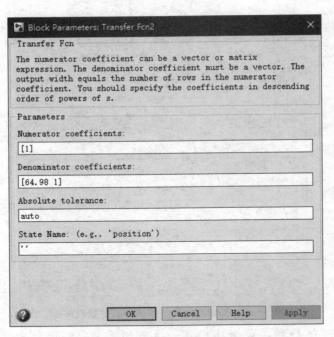

图 2-59 Transfer Fcn2 模块中的参数对话框

设置仿真时间为 1 s，单击模型窗口中的"仿真启动"按钮运行仿真，运行结束后双击示波器显示结果，如图 2-60 所示。

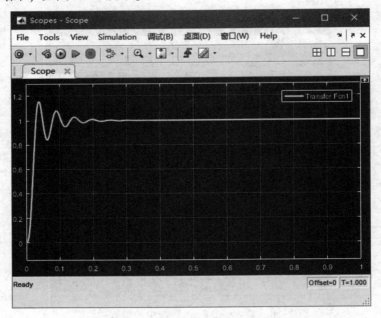

图 2-60 示波器显示结果

从图中可以看出 Simulink 模型的仿真结果与编辑 M 函数的仿真结果是一致的。与编写函数相比，Simulink 模型具有适应面广、结构和流程清晰、仿真精细、贴近实际、效率高、灵活等优点，而且 Simulink 模型简单、易学易用。

第三章

精密机械技术

机械系统是机电一体化系统的最基本要素，主要包括执行机构、传动机构和支承部件等，用以完成规定的动作；传递功率、运动和信息；支承连接相关部件等。机械系统通常是微型计算机控制伺服系统的有机组成部分。因此，在机械系统设计时，除考虑一般机械设计要求外，还必须考虑机械结构因素与整个伺服系统的性能参数、电气参数的匹配，以获得良好的伺服性能。

第一节 机械系统的特性

一、机械系统设计概述

机械系统设计的内容包括以下部分。

1. 机械本体设计

机械本体设计一般由减速装置、蜗杆副、丝杠螺母副等各种线性传动部件，连杆机构、凸轮机构等非线性传动部件，挠性传动部件、间歇传动部件等特殊传动部件和导向支承部件，旋转支承部件以及机座等支承部件组成。为保证机械系统的传动精度和工作稳定性，在设计中机械本体应满足低惯性、低振动、低噪声和适当阻尼比等要求。

2. 机械传动设计

机械传动的主功能是完成机械运动。严格地说机械传动还应该包括液压传动、气动传动等其他形式的传动。一部机器必须完成相互协调的若干机械运动，每个机械运动可由单独的电动机驱动、液压驱动或气动驱动，也可以通过传动件和执行机构与它们相互协调实现驱动。在机电一体化产品中这些机械运动通常由计算机来协调与控制，这就要求在机械传动设计时要充分考虑到机械传动的控制问题。

二、机电一体化对机械系统的设计要求

机电一体化机械系统与一般的机械系统相比，除要求具有较高的制造精度外，还应具有良好的动态响应特性，即快速响应和良好的稳定性。

1. 高精度

机电一体化产品的技术性能、功能和工艺水平与普通机械产品相比均有大幅度提高。其中，机械系统本身的高精度是首要的要求，如果其精度不能满足要求，则无论采用何种控制方式也不能达到机电产品的设计要求。传动精度主要受传动件的制造误差、装配误差、传动间隙和弹性变形的影响。

2. 快速响应

机电一体化系统的快速响应就是要求机械系统从接到指令到开始执行指令所经过的时间间隔短，这样系统才能精确地完成预定的任务要求，控制系统也能及时根据机械系统的运行情况得到信息，下达指令，使其准确地完成任务。影响机械系统快速响应的主要参数是系统的阻尼比和固有频率。

3. 良好的稳定性

机电一体化系统的稳定性是指其工作性能不受外界环境影响和抗干扰的能力。对于稳定的伺服系统，当扰动信号消失后，系统能够很快恢复到原有的稳定状态下运行。反之则表示系统易受干扰，甚至可能产生振荡。机械传动部件的转动惯量、刚度、阻尼、固有频率等因素皆对系统的稳定性产生影响，这些参数要合理选择，做到互相匹配。此外，机电一体化系统的稳定性还要求机械系统具有体积小、质量轻、高可靠性和寿命长等特点。

影响机电一体化系统中传动链的动力学性能的因素有以下几个方面。

（1）负载的变化

负载的变化包括工作负载、摩擦负载等的变化。解决办法是合理选择驱动电动机和传动链使其与负载变化相匹配。

（2）传动链惯性

传动链惯性不仅影响传动链的启停特性，而且影响控制系统的快速性、定位精度和速度偏差的大小。

（3）传动链固有频率

传动链固有频率影响系统谐振和传动精度。

（4）传动间隙、摩擦、润滑和温升

传动间隙、摩擦、润滑和温升影响传动精度和运动平稳性。

三、机械传动系统特性参数的设计

机电一体化的机械系统应具有良好的伺服性能，这不仅要求机械传动部件有足够的制造精度，满足转动惯量小、摩擦小、阻尼合理、刚度大、抗振性能好，及传动间隙小等要

求，而且还应使机械传动部分的动态特性与执行元件的动态特性相匹配。机械传动系统的主要特性有转动惯量、阻尼、刚度和传动精度等。

1. 转动惯量

（1）转动惯量的影响

机械传动系统的转动惯量会产生以下不利影响：使机械负载增加，功率消耗大；系统响应速度变慢，灵敏度降低；系统的固有频率下降，容易产生谐振；电气驱动部件的谐振频率降低、阻尼增大等。因此，在不影响系统刚度的条件下，机械部分的质量和转动惯量应尽可能小。

（2）转动惯量的计算

1）圆柱体的转动惯量。在机械传动系统中，齿轮、丝杠等传动件可视为圆柱体来近似计算转动惯量。其计算公式为

$$J = \frac{1}{8}md^2 \tag{3-1}$$

式中：m 为质量（kg）；d 为圆柱体直径（m）。

2）直线运动物体的转动惯量。如图 3-1（a）所示，由导程为 L_0 的丝杠驱动总质量为 m_r 的工作台和工件，其折算到丝杠轴上的等效转动惯量为

$$J_{er} = m_r \left(\frac{L_0}{2\pi} \right)^2 \tag{3-2}$$

图 3-1（b）为由齿轮齿条机构驱动总质量为 m_r 的工作台和工件，折算到节圆半径为 r_0 的小齿轮上的等效转动惯量为

$$J_{er} = m_r r_0^2 \tag{3-3}$$

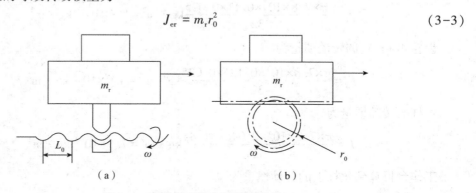

（a）　　　　　　　　　　　　（b）

图 3-1　直线运动物体的转动惯量

（a）丝杠传动；（b）齿轮齿条传动

例 3-1　某数控机床伺服进给系统的传动简图如图 3-2 所示，已知电动机轴的转动惯量 $J_m = 3.2 \times 10^{-3}$ kg·m^2，工作台及刀架质量 $m = 600$ kg，滚珠丝杠 $d = 50$ mm，导程 $L_0 = 8$ mm，丝杠长度 $L = 1\,840$ mm。齿轮齿数分别为 $z_1 = 20$，$z_2 = 40$，$z_3 = 20$，$z_4 = 48$，模数为 2.5 mm，齿宽 $b = 25$ mm。试求负载折算到电动机轴上的总等效转动惯量 J_e 及电动机轴上总转动惯量 $J_{总}$（提示：丝杠和齿轮的材料密度 $\rho = 7.8 \times 10^3$ kg/m^3，齿轮的计算直径按分度圆直径计算，丝杠

的计算直径取丝杠中径 $\phi = 48$ mm)。

解： （1）计算各传动件的转动惯量。由式（3-1）得

$$J = \frac{1}{8}md^2 = \pi\frac{\rho d^4 l}{32} \tag{3-4}$$

式中：l 为长度，对于齿轮，l 为齿宽 b；对于丝杠，l 为丝杠长度 L。

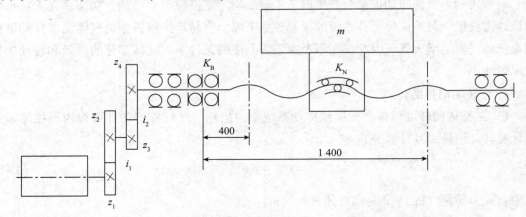

图 3-2　数控机床伺服进给系统的传动简图

齿轮 1（z_1）、3（z_3）的转动惯量为

$$J_{z_1} = J_{z_3} = \frac{\pi \times 7.8 \times 10^3 \times 0.05^4 \times 0.025}{32}\text{kg} \cdot \text{m}^2 = 1.2 \times 10^{-4}\ \text{kg} \cdot \text{m}^2 \tag{3-5}$$

齿轮 2（z_2）的转动惯量为

$$J_{z_2} = \frac{\pi \times 7.8 \times 10^3 \times 0.1^4 \times 0.025}{32}\text{kg} \cdot \text{m}^2 = 1.9 \times 10^{-3}\ \text{kg} \cdot \text{m}^2 \tag{3-6}$$

齿轮 4（z_4）的转动惯量为

$$J_{z_4} = \frac{\pi \times 7.8 \times 10^3 \times 0.12^4 \times 0.025}{32}\text{kg} \cdot \text{m}^2 = 4.0 \times 10^{-3}\ \text{kg} \cdot \text{m}^2 \tag{3-7}$$

丝杠的转动惯量为

$$J_s = \frac{\pi \times 7.8 \times 10^3 \times 0.048^4 \times 1.84}{32}\text{kg} \cdot \text{m}^2 = 7.5 \times 10^{-3}\ \text{kg} \cdot \text{m}^2 \tag{3-8}$$

工作台折算到丝杠上的转动惯量为

$$J_G = m\left(\frac{L_0}{2\pi}\right)^2 = 600 \times \left(\frac{0.008}{2\pi}\right)^2 \text{kg} \cdot \text{m}^2 = 9.7 \times 10^{-4}\ \text{kg} \cdot \text{m}^2 \tag{3-9}$$

（2）计算负载的总等效转动惯量及电动机轴上的总转动惯量。把以上传动件的转动惯量折算到电动机轴上，可得到总的等效转动惯量为

$$J_e = J_{z_1} + \frac{1}{i_1^2}(J_{z_2} + J_{z_3}) + \frac{1}{i_1^2 i_2^2}(J_{z_4} + J_s + J_G) =$$

$$1.2 \times 10^{-4}\text{kg} \cdot \text{m}^2 + \frac{1}{2^2}(1.9 \times 10^{-3} + 1.2 \times 10^{-4})\ \text{kg} \cdot \text{m}^2 +$$

$$\frac{1}{4.8^2}\ (4.0\times10^{-3}+7.5\times10^{-3}+9.7\times10^{-4})\ \text{kg}\cdot\text{m}^2$$

$$=1.17\times10^{-3}\ \text{kg}\cdot\text{m}^2 \tag{3-10}$$

电动机轴上的总转动惯量为

$$J_{总}=J_m+J_e=(3.2\times10^{-3}+1.17\times10^{-3})\ \text{kg}\cdot\text{m}^2 \tag{3-11}$$

$$=4.37\times10^{-3}\ \text{kg}\cdot\text{m}^2$$

2. 摩擦

两物体接触面间的摩擦力在应用上可简化为黏性摩擦力、库仑摩擦力（动摩擦力=黏性摩擦力+库仑摩擦力）与静摩擦力三类，方向均与运动方向（或与运动趋势方向）相反。黏性摩擦力大小与两物体相对运动的速度成正比，如图3-3（a）所示；库仑摩擦力是接触面对运动物体的阻力，大小为一常数，如图3-3（b）所示；静摩擦力是有相对运动趋势，但仍处于静止状态时摩擦面间的摩擦力，其最大值发生在相对开始运动前的一瞬间，运动开始后静摩擦力即消失，静摩擦力立即下降为库仑摩擦力，大小为一常数，随着运动速度的增加，摩擦力成线性地增加，此时的摩擦力为黏性摩擦力。

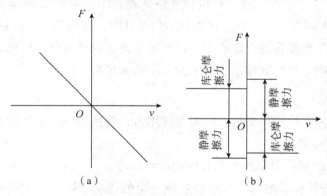

图3-3　三类摩擦力与速度的关系

（a）黏性摩擦力；（b）静摩擦力与库仑摩擦力

机电一体化系统对机械传动部件的摩擦特性的要求为：静摩擦力尽可能小，静动摩擦力的差值尽可能小，并使动摩擦力应为尽可能小的正斜率，反之则易产生爬行、降低精度、减少寿命。

3. 阻尼

由于机械部件具有惯性和摩擦特性，机械传动系统可视为带有阻尼的质量弹簧系统。机械部件振动时，金属材料的内摩擦较小，一般情况下，摩擦阻尼都发生在运动副的构件之间，其中，对机械系统影响最大的是导轨副的摩擦阻尼。在实际应用中一般将摩擦阻尼简化为黏性摩擦的线性阻尼。阻尼对机械系统的动态特性有多方面的影响，具体如下。

1）机械部件产生振动时，系统中阻尼越大，最大振幅越小，且衰减越快，但大阻尼会使系统的失动量增大，稳态误差增大，精度降低，加上摩擦-速度特性的负斜率，易产生爬行，降低机械的性能。

2）系统的黏性阻尼越大，系统的稳态误差就越大，精度降低。

3）系统的黏性阻尼会对系统的快速响应性能产生不利影响。

4）如果机械系统刚度低而质量大，则系统的固有频率较低，此时应增大系统的黏性阻尼，以减小振幅和加快衰减进程。

机械传动部件若简化为二阶振动系统，其阻尼比为

$$\xi = \frac{B}{2\sqrt{mK_0}} \tag{3-12}$$

式中：B 为黏性阻尼系数（N·s/m）；m 为系统质量（kg）；K_0 为系统拉压刚度系数（N/m）。

机械系统的阻尼比是一个无量纲数，它表示系统相对阻尼的大小。根据自动控制理论，当 $0<\xi<1$ 时，机械系统处于欠阻尼状态，阻尼比 ξ 越小，系统输出响应的速度越快，但振幅增大，振荡衰减慢；当 $\xi=1$ 时，机械系统为临界阻尼状态，系统的输出响应不发生振荡，且达到稳定状态的速度较快。

由式（3-12）知，阻尼比除了与机械系统的黏性阻尼系数 B 有关外，还与系统拉压刚度系数 K_0 和质量 m 有关。因此，在机械结构设计时，应当通过对机械系统的拉压刚度、质量和黏性阻尼系数等参数的合理匹配，得到阻尼比 ξ 的适当值，以保证系统的良好动态特性。根据经验，阻尼比的最佳取值范围为 $0.4 \leqslant \xi \leqslant 0.8$。

4. 刚度

刚度是使弹性体产生单位变形量所需的作用力，包括构件产生各种基本变形时的刚度和两接触面的接触刚度。

（1）机械系统的刚度对系统动态特性的主要影响

1）失动量。齿轮传动的啮合间隙会造成一定的传动死区，即主动齿轮要转过一定间隙角后从动齿轮才会转动，传动死区也称为失动量。系统刚度越大，因静摩擦力的作用所产生的传动部件的弹性变形就越小，系统的失动量也越小。

2）固有频率。机械系统刚度越大，固有频率越高，可远离控制系统或驱动系统的频带区域，从而避免产生谐振。

3）稳定性。刚度对闭环系统的稳定性有很大影响，提高刚度可增加闭环系统的稳定性。

（2）总拉压刚度的计算

丝杠螺母机构的总拉压刚度由丝杠的拉压刚度 K_L、丝杠轴承的支承刚度 K_B 及丝杠螺母的轴向接触刚度 K_N 三部分组成。丝杠的拉压刚度 K_L 与丝杠几何尺寸和轴向支承形式有关。

1）一端轴向支承的丝杠，其拉压刚度为

$$K_L = \frac{\pi d^2 E}{4l} \tag{3-13}$$

式中：d 为丝杠中径（m）；E 为材料的拉压弹性模量（N/m²）；l 为受力点到支承端的距离（m）。

在机械传动系统工作时，工作台位置的变化使丝杠受力部位也发生相应变化，当工作台位于距丝杠轴向支承端最远的位置时，丝杠全部工作长度 L 都将受力，此时丝杠的拉压刚度取最小值为

$$K_{Lmin} = \frac{\pi d^2 E}{4L} \qquad (3-14)$$

2）两端轴向支承的丝杠，其拉压刚度为

$$K_L = \frac{\pi d^2 E}{4} \left(\frac{1}{l} + \frac{1}{L-l} \right) \qquad (3-15)$$

当工作台位于两支承的中点位置时，即 $l = L/2$ 时，丝杠的拉压刚度为最小值 K_{Lmin}，即

$$K_{Lmin} = \frac{\pi d^2 E}{L} \qquad (3-16)$$

可见，丝杠采用两端轴向支承形式时，其最小拉压刚度是一端轴向支承的 4 倍。

丝杠轴承的支承刚度 K_B 与所采用的轴承类型、轴承结构有关。当轴承有预紧时，其支承刚度应为无预紧时的两倍。丝杠螺母的轴向接触刚度 K_N 与丝杠螺母副的尺寸和结构有关，丝杠螺母的预紧也可提高轴向接触刚度，以上两刚度数值均可从产品样本中查得。

丝杠螺母机构的总拉压刚度 K_0 可按下式计算，即

$$\frac{1}{K_0} = \frac{1}{K_L} + \frac{1}{K'_B} + \frac{1}{K_N} \qquad (3-17)$$

式中：K'_B 与丝杠轴向支承形式有关，一端轴向支承取 $K'_B = K_B$，两端轴向支承取 $K'_B = 2K_B$。

（3）丝杠螺母机构扭转刚度 K_T 的计算式为

$$K_T = \frac{\pi d^2 G}{32l} \qquad (3-18)$$

式中：d 为丝杠中径（m）；G 为材料的剪切弹性模量（N/m²）；l 为扭矩在丝杠上的作用长度（m）。

例 3-2 在例题 3-1 的数控机床伺服进给系统中，若预紧后丝杠轴承的支承刚度 K_B = 2.14×10⁹ N/m，丝杠螺母的轴向接触刚度 $K_N = 1.72×10^9$ N/m（取丝杠的最大工作长度 l_{max} = 1.2 m，拉压弹性模量 $E = 2.1×10^{11}$ N/m²，剪切弹性模量 $G = 8.1×10^{10}$ N/m²）。

试求：（1）丝杠螺母机构的最小拉压刚度 K_{0min} 和最小扭转刚度 K_{Tmin}；

（2）丝杠工作台系统纵向振动和扭转振动的最小固有频率 ω_n。

解： （1）计算丝杠螺母机构的刚度。丝杠的最小拉压刚度为

$$K_{Lmin} = \frac{\pi d^2 E}{4l_{max}} = \frac{\pi \times 0.048^2 \times 2.1 \times 10^{11}}{4 \times 1.2} \text{N/m} = 3.17 \times 10^8 \text{ N/m} \qquad (3-19)$$

由于丝杠为一端轴向支承，取 $K'_B = K_B = 2.14×10^9$ N/m，由式（3-17）可计算丝杠螺母机构的最小拉压刚度 K_{0min}。

$$\frac{1}{K_{0min}} = \frac{1}{K_{Lmin}} + \frac{1}{K_B'} + \frac{1}{K_N} = \left(\frac{1}{3.17\times10^8} + \frac{1}{2.14\times10^9} + \frac{1}{1.72\times10^9}\right) N/m \qquad (3-20)$$

得

$$K_{0min} = 2.38\times10^8 \ N/m \qquad (3-21)$$

由式（3-18）可计算丝杠最小扭转刚度为

$$K_{Tmin} = \frac{\pi d^2 G}{32 l_{max}} = \frac{\pi\times0.048^2\times8.1\times10^{10}}{32\times1.2} N/m = 3.52\times10^4 N/m \qquad (3-22)$$

（2）丝杠工作台系统固有频率的计算，包括纵向振动和扭转振动的固有频率计算。

忽略丝杠本身的质量，丝杠工作台系统纵向振动的最小固有频率为

$$\omega_n = \sqrt{\frac{K_{0min}}{m}} = \sqrt{\frac{2.38\times10^8}{600}} rad/s = 630 \ rad/s \qquad (3-23)$$

由例 3-1 知，电动机轴上的总转动惯量 $J_{总} = 4.37\times10^{-3} kg\cdot m^2$，折算到丝杠轴上的总转动惯量为

$$J_{es} = J_{总} i_1^2 i_2^2 = 4.37\times10^{-3}\times4.8^2 \ kg\cdot m^2 = 0.1 \ kg\cdot m^2 \qquad (3-24)$$

忽略电动机轴和齿轮轴的扭转变形，丝杠工作台系统扭转振动的最小固有频率为

$$\omega_n = \sqrt{\frac{K_{Tmin}}{J_{es}}} = \sqrt{\frac{3.52\times10^4}{0.1}} rad/s = 593 \ rad/s \qquad (3-25)$$

5. 固有频率

包括机械传动部件在内的弹性系统，若阻尼不计，可简化为质量-弹簧系统。对于质量为 m、拉压刚度系数为 K 的单自由度直线运动弹性系统，其固有频率为

$$f_w = \frac{1}{2\pi}\sqrt{\frac{K}{m}} \qquad (3-26)$$

对于转动惯量为 J，扭转刚度系数为 K 的单自由度扭转运动弹性系统，其固有频率为

$$f_w = \frac{1}{2\pi}\sqrt{\frac{K}{J}} \qquad (3-27)$$

当外界的激振频率接近或等于系统的固有频率时，系统将产生谐振而不能正常工作。机械传动部件实际上是个多自由度系统，有一个基本固有频率和若干高阶固有频率，它们分别称为机械传动部件的一阶谐振频率和 n 阶谐振频率。

四、传动精度

1. 机械传动系统的误差分析

机械传动系统中，影响系统传动精度的误差可分为传动误差和回程误差两种。

（1）传动误差

传动误差是指输入轴单向回转时，输出轴转角的实际值相对于理论值的变动量。由于传动误差的存在，使输出轴的运动时而超前，时而滞后。若传动装置的各组成零部件（齿

轮、轴、轴承或箱体）的制造和装配绝对准确，同时又忽略使用过程中的温度变形和弹性变形，则在传动过程中，输出轴转角 φ_o 与输入轴转角 φ_i 之间应符合如下关系，即

$$\varphi_o = \frac{\varphi_i}{i_t} \tag{3-28}$$

式中：i_t 为传动装置的总传动比。

当 $i_t = 1$ 时，理想状况下，φ_o 与 φ_i 之间的关系曲线如图 3-4（a）中直线 1 所示。此时，输入轴若均匀回转，输出轴亦均匀回转；输入轴若反向回转，输出轴亦无滞后地立即反向回转。

实际上，各组成零部件不可能制造和装配得绝对准确，而且在使用过程中还会存在温度变形和弹性变形，因此，在传动过程中输出轴的转角总会存在误差。图 3-4（b）中的曲线 2 表示单向回转时，由于存在传动误差 $\Delta\varphi$ 时，输出轴转角 φ_o 与输入轴转角 φ_i 之间的关系。

（2）回程误差

回程误差是与传动误差既有联系又有区别的另一类误差。回程误差是当输入轴由正向回转变为反向回转时，输出轴在转角上的滞后量，也可把它理解成输入轴固定时，输出轴可任意转动的转角量。回程误差使输出轴不能立即随着输入轴反向回转，即当输入轴反向回转时，输出轴产生滞后运动。输入轴转角与输出轴转角的关系曲线与磁滞回线相似，如图 3-4（c）中的曲线 3 所示。

传动链的传动误差和回程误差对机械传动系统性能的影响，随其在系统中所处的位置不同而不同。

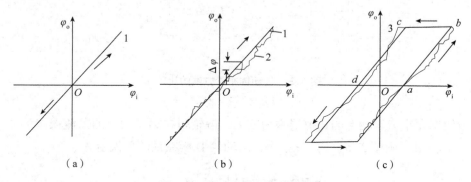

图 3-4 传动误差与回程误差

（a）理想状况；（b）传动误差；（c）回程误差

2. 减小传动误差的措施

减小传动误差、提高传动精度的结构措施有：适当提高零部件本身的精度；合理设计传动链，减少零部件制造、装配误差对传动精度的影响；采用消隙机构，以减少或消除回程误差。

（1）提高零部件本身精度

提高零部件本身精度即提高各传动零部件本身的制造、装配精度。传动装置的输出轴与负

载轴之间的联轴器本身制造、装配的精度，对传动精度的影响也很显著，应予以足够的重视。

（2）合理设计传动链

1）合理选择传动形式。在传动链的设计中，各种不同形式的传动能达到的精度是不同的。一般来说，圆柱直齿轮与圆柱斜齿轮机构的精度较高，蜗轮蜗杆机构次之，而圆锥齿轮较差。在行星齿轮机构中，谐波齿轮精度最高，渐开线行星齿轮机构、少齿差行星齿轮机构次之，摆线针轮行星齿轮机构则较差。

2）合理确定传动级数和分配各级传动比。减少传动级数，就可减少零件数量，也就减少了产生误差的环节。因此，在满足使用要求的条件下，应尽可能减少传动级数。对减速传动链，各级传动比宜从高速级开始逐级递增，且在结构空间允许的前提下尽量提高末级传动比。一般来说，减速传动采用大的传动比，可使从动轮半径增大，从而提高转角精度值。详见本章精密齿轮传动部分的内容。

3）合理布置传动链。在减速传动中，精度较低的传动机构（如圆锥齿轮机构、蜗轮蜗杆机构）应布置在高速轴上，这样可减小低速轴上的误差。图3-5是齿轮和蜗轮蜗杆两个传动链布置方案的比较。在图3-5（a）方案中，A为主动轮，D为从动轮；在图3-5（b）方案中C为主动轮，B为从动轮。

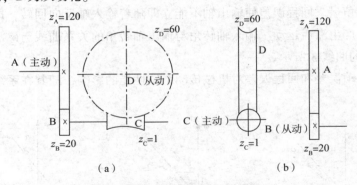

图3-5 传动链布置方案的比较

（a）合理分配；（b）不合理分配

设齿轮副在小齿轮轴上的角值误差为 Δ_{AB}，齿轮副在蜗轮轴上的角值误差为 Δ_{CD}，并令 $\Delta_{AB} = \Delta_{CD} = \Delta$，则图3-5（a）方案中，从动轮D所在轴的总误差为

$$\Delta_D = \Delta_{CD} + \frac{\Delta_{AB}}{i_{CD}} = \left(1 + \frac{1}{60}\right)\Delta = \frac{61}{60}\Delta \tag{3-29}$$

则图3-5（b）方案中，从动轮B所在轴的总误差为

$$\Delta_B = \Delta_{AB} + \frac{\Delta_{CD}}{i_{AB}} = \left(1 + \frac{1}{6}\right)\Delta = \frac{7}{6}\Delta \tag{3-30}$$

显然，图3-5（a）方案要比图3-5（b）方案好。一般来说，当要求减小由于传动零件的制造、装配误差所引起从动轴的角值误差时，应在从动轴之前选用减速链，因为这样可使各项误差对从动轮的影响，经过减速的作用而缩小。

（3）采用消隙机构

机械传动系统中，各类传动零部件的传动间隙都会产生回程误差，增加轮廓误差，影响到系统的传动精度和运动平稳性。若在闭环系统中传动死区还可能使系统以 1～5 倍的频率产生低频振荡，为此应采用齿侧间隙小、精度较高的齿轮，或采用各种调整齿侧间隙的结构来减小或消除啮合间隙。常见的间隙类型有齿轮传动的齿侧间隙、丝杠螺母的传动间隙、丝杠轴承的轴向间隙和联轴器的扭转间隙等。在机电一体化机械系统中，传动机构的消隙方法有很多种类，常用的齿轮机构和螺旋机构的消隙方法详见本章精密齿轮传动和丝杠螺母传动部分内容。

第二节　机械传动机构

一、机械传动机构概述

1. 机械传动机构的基本要求

机电一体化系统中常用的机械传动机构有螺旋传动、齿轮传动、同步带传动、高速带传动、各种非线性传动等。传动部件直接影响机电一体化系统的精度、稳定性和快速响应性，因此，应设计和选择满足传动间隙小、精度高、摩擦小、体积小、质量轻、运动平稳、响应速度快、传递转矩大、谐振频率高，以及与伺服电动机等其他环节的动态性能相匹配等要求的传动部件。为此，主要从以下几方面采取措施来满足传动机构的基本要求。

1）传动部件的静摩擦力应尽可能小，动摩擦力也应具有尽可能小的正斜率，若为负斜率则易产生爬行，使传动部件精度降低、寿命减少。因此，精度要求较高的机电一体化系统经常采用摩擦阻力小的传动部件和导向支承部件，如采用滚珠丝杠副、滚动导向支承、动（静）压导向支承等。

2）缩短传动链，提高传动与支承刚度，如用预紧的方法提高滚珠丝杠副和滚动导轨副的传动与支承刚度；采用大转矩、宽调速的直流或交流伺服电动机直接与丝杠螺母副连接，以减少中间传动机构；丝杠的支承设计中采用两端轴向预紧或预拉伸支承结构等。

3）选用最佳传动比，以提高系统分辨率、减少等效到执行元件输出轴上的等效转动惯量，尽可能提高加速能力。

4）缩小反向死区误差，如采取消除传动间隙、减少支承变形等措施。

5）适当的阻尼比。

对工作机中的传动机构，既要求能实现运动的变换，又要求能实现动力的变换；对信息机中的传动机构，则主要要求具有运动的变换功能，只需要克服惯性力（力矩）、各种摩擦阻力（力矩）及较小的负载即可。

2. 机械传动机构的发展

随着机电一体化技术的发展，要求机械传动机构能不断适应新的技术要求。具体讲有以下 3 个方面的要求。

1）精密化。对某种特定的机电一体化系统（或产品）来说，应根据其性能的需要提出适当精密度要求。虽然不是越精密越好，但由于要适应产品的高定位精度等性能的要求，对机械传动机构的精密度要求也越来越高。

2）高速化。产品工作效率的高低，直接与机械传动部件的运动速度相关，因此，机械传动机构应能适应高速运动的要求。

3）小型化、轻量化。随着机电一体化系统（或产品）精密化、高速化的发展，必然要求其传动机构的小型化、轻量化，以提高运动灵敏度（快速响应性）、减小冲击、降低能耗。同时，为与微电子部件微型化相适应，也要尽可能做到使机械传动部件短小、轻薄化。

3. 机械传动部分的设计内容

机械传动部分的设计包括系统设计和结构设计两个方面。其具体设计内容如下：

1）估算载荷；

2）选择总传动比，选择伺服电动机；

3）选择传动机构的形式；

4）确定传动级数，分配各级传动比；

5）配置传动链，估算传动链精度；

6）传动机构结构设计；

7）计算传动装置的刚度和结构的固有频率；

8）做必要的工艺分析和经济分析。

二、丝杠螺母传动

丝杠螺母机构又称螺旋传动机构，它主要用来将旋转运动变换为直线运动或将直线运动变换为旋转运动，有以传递能量为主的（如螺旋压力机、千斤顶等），也有以传递运动为主的（如机床工作台的进给丝杠），还有调整零件之间相对位置的丝杠螺母机构等。

丝杠螺母机构有滑动丝杠螺母机构和滚珠丝杠螺母机构之分。滑动丝杠螺母机构结构简单、加工方便、制造成本低、具有自锁功能，但其摩擦阻力矩大、传动效率低（30% ~ 40%）。滚珠丝杠螺母机构虽然结构复杂、制造成本高，但其最大优点是摩擦阻力矩小、传动效率高（92% ~ 96%），因此在机电一体化系统中得到广泛应用。

根据丝杠和螺母相对运动的组合情况，丝杠螺母机构的基本传动形式有如图 3-6 所示的 4 种类型。

1）螺母固定、丝杠转动并移动。如图 3-6（a）所示，该传动形式因螺母本身起着支承作用，消除了丝杠轴承可能产生的附加轴向窜动，结构较简单，可获得较高的传动精度，但其轴向尺寸不宜太长，否则刚性较差，因此这种传动形式只适用于工作行程较小的场合。

2）丝杠转动、螺母移动。如图 3-6（b）所示，该传动形式需要限制螺母的转动，故需导向装置，其特点是结构紧凑、丝杠刚性较好，适用于工作行程较大的场合。

3）螺母转动、丝杠移动。如图 3-6（c）所示，该传动形式需要限制螺母移动和丝杠的转动，由于结构较复杂且占用轴向空间较大，故应用较少。

4）丝杠固定、螺母转动并移动。如图 3-6（d）所示，该传动方式结构简单、紧凑，但在多数情况下使用极不方便，故很少应用。

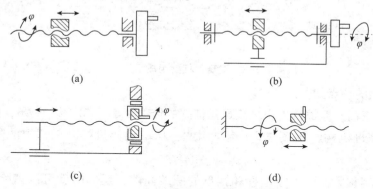

图 3-6 丝杠螺母机构的基本传动形式

此外，还有差动传动方式，其传动原理如图 3-7 所示。该传动方式的丝杠上有基本导程（或螺距）不同的（如 l_{01}、l_{02}）两段螺纹，其旋向相同。当丝杠 2 转动时，可动螺母 1 的位移为 $S = n(l_{01} - l_{02})$，其中，n 为丝杠转速；如果两基本导程的大小相差较小，则可获得较小的位移 S。因此，这种传动方式多用于各种微动机构中。

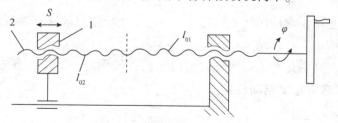

图 3-7 差动传动方式传动原理

本节将主要介绍滚珠丝杠副（滚珠丝杠螺母机构）的组成、特点、间隙的调整和预紧及其选用。

1. 滚珠丝杠副的组成及特点

滚珠丝杠副的结构特点是具有螺旋槽的丝杠螺母间装有滚珠作为中间传动件，以减少摩擦，如图 3-8 所示。图中丝杠和螺母上都磨有圆弧形的螺旋槽，这两个圆弧形的螺旋槽对合起来就形成螺旋线滚道，在滚道内装有滚珠。当丝杠回转时，滚珠相对于螺母上的滚道滚动，因此丝杠与螺母之间基本上为滚动摩擦。为了防止滚珠从螲母中滚出来，在螺母的螺旋槽两端设有回程引导装置，使滚珠能循环滚动。

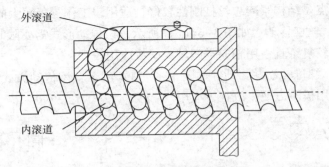

图3-8　滚珠丝杠副组成示意图

滚珠丝杠副的特点如下。

1）传动效率高，摩擦损失小。滚珠丝杠副的传动效率 $\eta = 0.92 \sim 0.96$，比常规的丝杠螺母副（丝杠螺母机构）提高 $3 \sim 4$ 倍。因此，功率消耗只相当于常规的丝杠螺母副的 $1/4 \sim 1/3$。

2）给予适当预紧，可消除丝杠和螺母的螺纹间隙，反向时就可以消除空行程死区，定位精度高，刚度好。

3）运动平稳，无爬行现象，传动精度高。

4）运动具有可逆性，可以从旋转运动转换为直线运动，也可以从直线运动转换为旋转运动，即丝杠和螺母都可以作为主动件。

5）磨损小，使用寿命长。

6）制造工艺复杂。滚珠丝杠和螺母等元件的加工精度要求高，表面粗糙度也要求高，故制造成本高。

7）不能自锁。特别是对于垂直丝杠，由于惯性的作用，下降时当传动切断后，不能立刻停止运动，故常需添加制动装置。

2. 滚珠丝杠副的精度

滚珠丝杠副的精度等级为1、2、3、4、5、7、10级精度，代号分别为1、2、3、4、5、7、10。其中1级为最高，依次逐级降低。

3. 滚珠丝杠副的标注方法

滚珠丝杠副的型号根据其结构、规格、精度和螺纹旋向等特征按下列格式编写：

□　□　□　×　□　-　□　-　□　□

循环方式　预紧方式　公称直径　基本导程　负荷滚珠总圈数　精度等级　螺纹旋向

负荷滚珠总圈数为1.5、2、2.5、3、3.5、4、4.5、5圈，代号分别为1.5、2、2.5、3、3.5、4、4.5、5。滚珠丝杠副的循环方式和预紧方式分类如下所示：

内循环 { 浮动式　F
　　　　 固定式　G

预紧方式 {
双螺母齿差预紧　C
双螺母垫片预紧　D
双螺母螺纹预紧　L
单螺母变导程自预紧　B

外循环 { 插管式 C

螺旋槽式 L 螺旋向为左右旋，只标左旋代号为 LH，右旋不标

滚珠螺纹的代号用 GQ 表示，标注在公称直径前，如 GQ50×8-3。下面举例说明滚珠丝杠副的标注方法。

例如，CTC63×10-3.5-3.5/2000×1600 表示为插管突出式外循环（CT），双螺母齿差预紧（C）的滚珠丝杠副，公称直径 63 mm，基本导程 10 mm，负荷滚珠总圈数 3.5 圈，精度等级 3.5 级，螺纹旋向为右旋，丝杠全长为 2 000 mm，螺纹长度为 1 600 mm。

4. 滚珠丝杠副间隙的调整和预紧

滚珠丝杠副的设计除了要求其自身在轴向的传动精度外，为保证其反向传动精度，对其轴向间隙也有严格要求。滚珠丝杠副的轴向间隙是在承载时，由于滚珠与滚道型面接触时因弹性变形所引起的螺母轴向位移量和螺母副自身轴向间隙的总和。预紧方式通常采用双螺母预紧和单螺母预紧（适于大滚珠、大导程）两种方法，并将弹性变形控制在最小限度内，以减小或消除轴向间隙，提高滚珠丝杠副的轴向刚度。

目前制造的单螺母滚珠丝杠副的轴向间隙达 0.05 mm，而双螺母滚珠丝杠副经加预紧力调整后基本上能消除轴向间隙。

常用的双螺母消除轴向间隙的结构形式主要有 3 种：双螺母螺纹调隙预紧式、双螺母垫片调隙预紧式和双螺母齿差调隙预紧式。

1）双螺母螺纹调隙预紧式。如图 3-9 所示，双螺母中的一个单螺母外端有凸缘，另一个单螺母外端无凸缘，但制有螺纹，它伸出套筒外用两个螺母固定锁紧，并用平键来防止两个单螺母相对转动。调整螺母可调整消除间隙并产生预紧力，之后再用锁紧螺母锁紧。该种形式结构紧凑、工作可靠、调整方便，缺点是不能很精确地进行间隙调整。

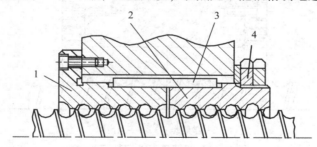

1、2—单螺母；3—平键；4—调整螺母。

图 3-9 双螺母螺纹调隙预紧式

2）双螺母垫片调隙预紧式。该预紧方法是在两个螺母之间加垫片来消除丝杠和螺母之间的间隙。根据垫片厚度不同分成两种形式，当垫片厚度较厚时即产生"预拉应力"，如图 3-10 所示，而当垫片厚度较薄时即产生"预压应力"以消除轴向间隙。

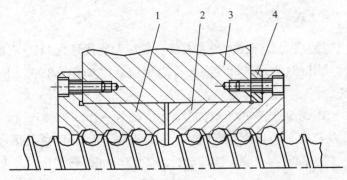

1、2—单螺母；3—螺母座；4—调整垫片。

图 3-10　双螺母垫片调隙预紧式

3）双螺母齿差调隙预紧式。如图 3-11 所示，在两个螺母的凸缘上各制有两个有齿数差的圆柱外齿轮，分别与内齿圈啮合，内齿圈用螺钉或定位销固定在套筒上。调整时，先取下两端的内齿圈，使两个单螺母产生相对角位移，故相应地产生轴向的相对位移，从而使两个单螺母中的滚珠分别紧贴在螺旋线滚道的两个相反的侧面上，然后将内齿圈复位固定，故而达到消除间隙、产生预紧力的目的。当两个单螺母按同方向转过一个齿时，所产生的相对轴向位移为

$$\Delta s = \left(\frac{1}{z_1} - \frac{1}{z_2}\right) P = \frac{z_2 - z_1}{z_1 z_2} P = \frac{P}{z_1 z_2} \qquad (3-31)$$

式中：P 为导程。若 $z_1 = 99$，$z_2 = 100$，$P = 6$ mm，则 $\Delta s = 0.6$ μm。可见，该种形式的丝杠副调整精度很高、工作可靠，但结构复杂，加工和装配工艺性能较差。

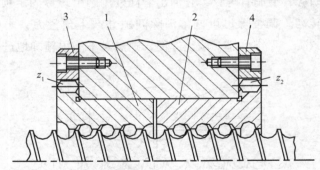

1、2—单螺母；3、4—内齿圈。

图 3-11　双螺母齿差调隙预紧式

5. 滚珠丝杠副的选择

（1）滚珠丝杠副结构的选择

根据防尘防护条件以及对调隙及预紧的要求，可选择适当的结构形式。例如，当允许有间隙存在时（如垂直运动）可选用具有单圆弧形螺纹滚道的单螺母滚珠丝杠副；当必须有预紧或在使用过程中因磨损而需要定期调整时，应采用双螺母螺纹调隙预紧式或双螺母齿差调隙预紧式结构；当具备良好的防尘条件，且只需在装配时调整间隙及预紧力时，可采用结构简单的双螺母垫片调隙预紧式结构。

（2）滚珠丝杠副结构尺寸的选择

选用滚珠丝杠副时通常主要选择丝杠的公称直径 d_0 和基本导程 l_0。公称直径 d_0 应根据轴向最大载荷按滚珠丝杠副尺寸系列选择。螺纹长度 l_s 在允许的情况下要尽量短，一般取 $l_s / d_0 < 30$ 为宜；基本导程应按承载能力、传动精度及传动速度选取，l_0 大则承载能力也大，l_0 小则传动精度较高。要求传动速度快时，可选用大导程滚珠丝杠副。

（3）滚珠丝杠副的选择步骤

在选用滚珠丝杠副时，必须知道实际的工作条件：最大工作载荷 F_{max}（或平均工作载荷 F_{cp}）（N）作用下的使用寿命 T（h）、丝杠的工作长度（或螺母的有效行程）（mm）、丝杠的转速 n（或平均转速 n_{cp}）（r/min）、滚道的硬度（HRC）及丝杠的工况，然后按下列步骤进行选择。

1）承载能力选择。首先计算作用于丝杠轴向的最大动载荷 F_Q，然后根据 F_Q 选择丝杠副的型号。F_Q 的计算公式为

$$F_Q = \sqrt[3]{L} f_H f_W F_{max} \tag{3-32}$$

式中：L 为滚珠丝杠寿命系数（单位为 1×10^6 r，如 1.5 则为 1.5×10^6 r），$L = 60 nT/10^6$（其中 n 为丝杠转速，单位为 r/min；T 为使用寿命时间，单位为 h，普通机械为 5 000 ~ 10 000 h，数控机床、其他机电一体化设备及仪器装置为 15 000 h，航空机械为 1 000 h）；f_W 为载荷系数（平稳或轻度冲击时为 1.0 ~ 1.2，中等冲击时为 1.2 ~ 1.5，较大冲击或振动时为 1.5 ~ 2.5）；f_H 为硬度系数（HRC ≥ 58 时为 1.0，HRC = 55 时为 1.11，HRC = 52.5 时为 1.35，HRC = 50 时为 1.56，HRC = 45 时为 2.40）。

2）压杆稳定性核算。实际承受载荷的能力 F_k 应不小于最大工作载荷 F_{max}，即

$$F_k = f_k \pi^2 EI / (K l_s^2) \geqslant F_{max} \tag{3-33}$$

式中：f_k 为压杆稳定的支承系数（双推–双推时为 4，单推–单推时为 1，双推–简支时为 2，双推–自由式时为 0.25）；E 为钢的弹性模量，$E = 2.1 \times 10^5$ MPa；I 为丝杠小径 d_1 的截面惯性矩（$I = \pi d_1^4 / 64$）；K 为压杆稳定安全系数，一般取为 2.5 ~ 4，垂直安装时取最小值。

如果 $F_k < F_{max}$，会使丝杠失去稳定，易发生翘曲。两端装止推轴承与向心轴承时，丝杠一般不会发生"失稳"现象。

对于低速运转（$n < 10$ r/min）的滚珠丝杠副，无须计算其最大动载荷，而只考虑其最大静负载是否充分大于最大工作负载 F_{max}。这是因为若最大接触应力超过材料的弹性极限就要产生塑性变形，塑性变形超过一定限度就会破坏滚珠丝杠副的正常工作。一般允许其塑性变形量不超过滚珠直径 d_b 的 1/10 000，产生该塑性变形的载荷称为最大静载荷。

3）刚度的验算。滚珠丝杠副在轴向力的作用下将产生伸长或缩短，在转矩的作用下将产生扭转变形而影响丝杠导程的变化，从而影响传动精度及定位精度，故需验算满载时的变形量。其验算公式如下。

滚珠丝杠副在工作载荷 F 和转矩 M 的共同作用下，所引起的每一单位导程的变形

量为

$$\Delta L = \pm \frac{Fl_0}{ES} \pm \frac{Ml_0^2}{2\pi I_p G} \tag{3-34}$$

式中：S 为丝杠的最小截面积（cm^2）；M 为扭矩（$N \cdot cm$）；G 为钢的抗扭截面模量，$G=$ 8.24×10^4 MPa；I_P 为截面对圆心的极惯性矩；ΔL 的单位为 cm，"+" 用于拉伸时，"−" 用于压缩时。

在滚珠丝杠副精度标准中一般规定了每米弹性变形所允许的基本导程误差值。

三、精密齿轮传动

齿轮传动部件是转矩、转速和转向的变换器。由于齿轮传动的瞬时传动比为常数，并具有结构紧凑、传动精确、强度大、能承受重载、摩擦小和效率高等优点，在机电一体化产品中得到广泛应用。

用于伺服系统的齿轮减速器是一个力矩变换器，其输入是电动机输出的高转速、小转矩，而输出则为低转速、大转矩。因此，齿轮传动系统传递转矩时，不但要求应有足够的刚度，还要求其转动惯量尽量小，以便在获得同一加速度时所需转矩小，即在同一驱动功率时，其加速度响应为最大。此外，在闭环系统中，齿轮副的啮合间隙会造成传动死区，传动死区能使系统以 1～5 倍的间隙角产生低频振荡，为此，要采用消隙装置，以提高系统的传动精度和稳定性。

本节重点介绍齿轮传动系统中传动比的最佳选择及其分配原则、齿轮传动的消隙机构和谐波齿轮传动机构。

1. 传动比的最佳选择及其分配原则

常用的齿轮减速装置有一级传动、二级传动、三级传动等传动形式，如图 3-12 所示，设计齿轮系统时，传动比应满足驱动部件与负载之间的位移、转矩、转速的匹配要求，为满足传动的快速响应性、提高传动精度和系统的稳定性，应选择出系统的最佳传动比并实现各级传动比的合理分配。

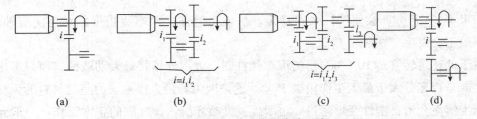

图 3-12　常用减速装置传动形式

（a）一级传动（反向）；（b）二级传动；（c）三级传动；（d）一级传动（同向）

（1）齿轮传动系统最佳总传动比的选择

由于负载特性和工作条件不同，最佳传动比有多种选择方法，在伺服电动机驱动负载的齿轮传动系统中常采用使负载加速度最大的方法。首先把传动系统中的工作负载、惯性负载和摩擦负载综合为系统的总负载，即将各种负载等效到电动机轴上成为综合负载转矩；其次计算使等效负载转矩最小或负载加速度最大时的总传动比，即得出最佳总传动比。

如图 3-13 所示，直流伺服电动机 M 的额定转矩为 T_m、转子转动惯量为 J_m，通过减速比为 i 的齿轮系 G 克服负载力矩 T_{LF} 带动转动惯量为 J_L 的负载运动，最佳传动比的计算过程如下。

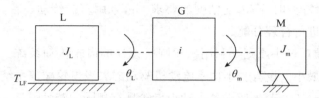

图 3-13 电动机驱动齿轮传动系统和负载的计算模型

其齿轮传动比为

$$i = \frac{\theta_m}{\theta_L} = \frac{\dot{\theta}_m}{\dot{\theta}_L} = \frac{\ddot{\theta}_m}{\ddot{\theta}_L} > 1 \tag{3-35}$$

式中：θ_m、$\dot{\theta}_m$、$\ddot{\theta}_m$ 分别是电动机的角位移、角速度、角加速度；θ_L、$\dot{\theta}_L$、$\ddot{\theta}_L$ 分别是负载的角位移、角速度、角加速度。换算到电动机轴上的负载力矩为 $\dfrac{T_{LF}}{i}$，换算到电动机轴上的转动惯量为 $\dfrac{J_L}{i^2}$。

设电动机轴上的加速度转矩为 T_a，则

$$T_a = T_m - \frac{T_{LF}}{i} = \left(J_m + \frac{J_L}{i^2}\right) i\ddot{\theta}_L \tag{3-36}$$

故

$$\ddot{\theta}_L = \frac{T_m i - T_{LF}}{J_m i^2 + J_L} = \frac{T_a i}{J_m i^2 + J_L} \tag{3-37}$$

当 $\partial \ddot{\theta}_L / \partial i = 0$ 时，即可求得使负载加速度为最大时的传动比 i，即

$$i = \frac{T_{LF}}{T_m} + \sqrt{\left(\frac{T_{LF}}{T_m}\right)^2 + \frac{J_L}{J_m}} \tag{3-38}$$

若 $T_{LF} = 0$，则有

$$i = \sqrt{\frac{J_L}{J_m}} \tag{3-39}$$

式（3-39）表明，当负载换算到电动机轴上的转动惯量 J_L 恰好等于转子转动惯量 J_m 时，能达到惯性负载和驱动力矩的最佳匹配。实际上为提高力矩传动的抗干扰能力常选用较大的传动比。当选定执行元件为步进电动机时，其步距角 α、系统脉冲当量 δ 和丝杠基

本导程 l_0 确定后，其传动比 i 应满足匹配关系 $i = \dfrac{\alpha l_0}{360°\delta}$。

（2）各级传动比的分配原则

齿轮传动系统的总传动比确定后，根据对传动链的技术要求，选择传动方案，使驱动部件和负载间的转矩、转速达到合理匹配。在总传动比较大时，若采用单级传动虽然可简化传动系统，但大齿轮的尺寸增大会使整个传动系统的轮廓尺寸变大。为了使传动系统结构紧凑，满足动态性能和提高传动精度的要求，可采用多级传动。首先应确定传动级数，然后对各级传动比进行合理分配。

1）等效转动惯量最小原则。利用该原则所设计的齿轮传动系统，换算到电动机轴上的等效转动惯量为最小。设有一小功率电动机驱动的二级齿轮减速系统，如图 3-14 所示。设其总传动比为 $i = i_1 i_2$，若先假设各主动小齿轮具有相同的转动惯量，各齿轮均近似看成实心圆柱体，齿宽 B、密度 γ 均相同，其转动惯量为 $J = \dfrac{\pi B \gamma}{32g} d^4$（$d$ 为齿轮分度圆的直径；g 为重力加速度，$g = 9.8 \ \mathrm{m/s^2}$），如不计轴和轴承的转动惯量，则根据系统动能不变的原则，等效到电动机轴上的等效转动惯量为

$$J_{\mathrm{me}} = J_1 + \frac{J_2 + J_3 + J_3}{i_1^2} + \frac{J_4}{i_1^2 i_2^2} \tag{3-40}$$

因为

$$J_1 = J_3 = \frac{\pi B \gamma}{32g} d_1^4, \quad J_2 = \frac{\pi B \gamma}{32g} d_2^4, \quad J_4 = \frac{\pi B \gamma}{32g} d_4^4$$

所以

$$\frac{J_2}{J_1} = \left(\frac{d_2}{d_1}\right)^4 = i_1^4, \quad \frac{J_4}{J_3} = \frac{J_4}{J_1} = \left(\frac{d_4}{d_3}\right)^4 = \left(\frac{d_4}{d_3}\right)^4 = i_2^4 = (i/i_1)^4$$

即

$$J_2 = J_1 i_1^4, \quad J_4 = J_1 i_2^4 = J_1 (i/i_1)^4, \quad J_{\mathrm{me}} = J_1 \left(1 + i_1^2 + \frac{i^2}{i_1^2} + \frac{i^2}{i_1^4}\right)$$

令 $\dfrac{\partial J_{\mathrm{me}}}{\partial i_1} = 0$，则 $i_1^2 (i_1^4 - 1 - 2i_2^2) = 0$，得到 $i_2 = \sqrt{\dfrac{i_1^4 - 1}{2}}$。

当 $i_1^4 \gg 1$ 时，$i_2 \approx i_1^2 / \sqrt{2}$，$i_1 \approx (\sqrt{2} i_2)^{\frac{1}{2}} = (\sqrt{2} i)^{\frac{1}{3}} = (2i^2)^{\frac{1}{6}}$，则对于 n 级齿轮传动系作同类分析可得

$$i_1 = 2^{\frac{2^n - n - 1}{2(2^n - 1)}} i^{\frac{1}{2^n - 1}}, \quad i_k = \sqrt{2} \left(\frac{i}{2^{\frac{n}{2}}}\right)^{\frac{2^{k-1}}{2^n - 1}} \quad (k = 2, 3, \cdots, n)$$

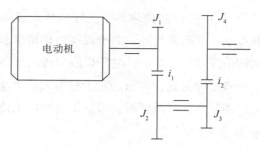

图3-14 二级齿轮减速系统

按此原则计算的各级传动比是按"先小后大"次序分配的,这样可使其结构紧凑。大功率传动装置传递的转矩大,各级齿轮副的模数、齿宽和直径等参数逐级增加。这时,大功率传动的假定不适用,其计算公式不能通用;但其分配次序则仍应符合"由小到大"的分配次序。

2)质量最轻原则。对于小功率传动系统,通过计算使各级传动比 $i_1 = i_2 = i_3 = \cdots = \sqrt[n]{i}$,即可使传动装置的质量最轻。由于这个结论是在假定各主动小齿轮模数、齿数均相同的条件下导出的,故所有大齿轮的齿数、模数也相同,每级齿轮副的中心距也相同。上述结论对于大功率传动系统是不适用的,因其传递转矩大,故要考虑齿轮模数、齿轮齿宽等参数要逐级增加的情况,此时应根据经验、类比方法以及结构紧凑的要求进行综合考虑,各级传动比一般应以"先大后小"原则处理。

3)输出轴转角误差最小原则。设齿轮传动系统中各级齿轮的转角误差换算到末级输出轴上的总转角误差为 $\Delta\varphi_{max}$,则

$$\Delta\varphi_{max} = \sum_{k=1}^{n} \left(\frac{\Delta\varphi_k}{i_{kn}} \right) \tag{3-41}$$

式中:$\Delta\varphi_k$ 为第 k 个齿轮所具有的转角误差;i_{kn} 为第 k 个齿轮的转轴至第 n 级输出轴的传动比。

例如,对于一个四级齿轮传动系统,设各齿轮的转角误差分别为 $\Delta\varphi_1$,$\Delta\varphi_2$,$\cdots$,$\Delta\varphi_8$,则换算到末级输出轴上的总转角误差为

$$\Delta\varphi_{max} = \frac{\Delta\varphi_1}{i} + \frac{\Delta\varphi_2 + \Delta\varphi_3}{i_2 i_3 i_4} + \frac{\Delta\varphi_4 + \Delta\varphi_5}{i_3 i_4} + \frac{\Delta\varphi_6 + \Delta\varphi_7}{i_4} + \Delta\varphi_8 \tag{3-42}$$

上述计算对小功率传动系统比较符合实际,而对于大功率传动系统,由于转矩比较大,需要按照其他法则进行计算。为提高机电一体化系统中齿轮传动系统传递运动的情况,各级传动比应按照"先小后大"原则分配,以便降低齿轮的加工误差、安装误差以及回转误差对输出转角精度的影响。由此可知,总转角误差主要取决于最末一级齿轮的转角误差和传动比的大小。在设计中最末两级的传动比应取大一些,并尽量提高最末一级齿轮副的加工精度。

综上所述,在设计中应根据上述原则并结合实际情况的可行性和经济性对转动惯量、结构尺寸和传动精度提出适当要求。对于要求体积小、质量轻的齿轮传动系统可用质量最

轻原则；对于要求运动平稳、启/停频繁和动态性能好的减速齿轮系统，可按最小等效转动惯量和输出轴转角误差最小的原则来处理；对于提高传动精度和减小回程误差为主的齿轮传动系统，可按输出轴转角误差最小原则；对于以较大传动比传动的齿轮系统，往往需要将定轴轮系和行星轮系巧妙结合为混合轮系。对于相当大的传动比，并且要求传动精度与传动效率高、传动平稳、体积小、质量轻时，可选用谐波齿轮传动。

2. 齿轮传动的消隙机构

齿轮传动中齿侧间隙（侧隙）的存在，不仅会影响机电一体化系统的传动精度，还会在电动机驱动系统中引起严重的噪声。因此，对于机电一体化系统的齿轮传动，一般要求采取措施消除齿侧间隙。齿轮传动齿侧间隙的调整有偏心轴套调整、双薄片齿轮错齿调整和垫片调整等多种方法。

1）偏心轴套调整法。图3-15为偏心轴套式消隙机构。电动机2是通过偏心轴套1装到壳体上，通过转动偏心轴套的转角，就能够方便地调整两啮合齿轮的中心距，从而消除了圆柱齿轮正、反转时的齿侧间隙。

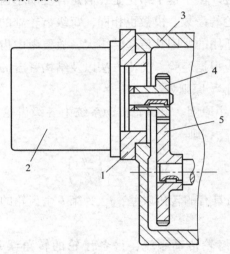

1—偏心轴套；2—电动机；3—减速箱；4、5—减速齿轮。

图3-15　偏心轴套式消隙机构

2）锥度齿轮调整法。图3-16是带锥度齿轮的消隙机构。在加工齿轮1和2时，将假想的分度圆柱面改变成带有小锥度的圆锥面，使其齿厚在齿轮的轴向稍有变化（其外形类似于插齿刀）。装配时只要改变垫片3的厚度就能调整两个齿轮的轴向相对位置，从而消除了齿侧间隙。但如增大圆锥面的角度，则将使啮合条件恶化。

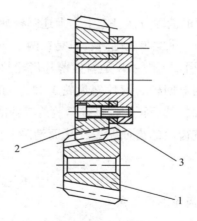

1、2—齿轮；3—垫片。

图 3-16　带锥度齿轮的消隙机构

以上两种方法的特点是结构简单，但齿侧间隙调整后不能自动补偿。

3）双薄片齿轮错齿调整法。采用这种调整齿侧间隙方法的一对啮合齿轮中，其中一个是宽齿轮，另一个由两相同齿数的薄片齿轮套装而成，两薄片齿轮可相对回转。装配后，应使一个薄片齿轮的齿左侧和另一个薄片齿轮的齿右侧分别紧贴在宽齿轮的齿槽左、右两侧，这样错齿后就消除了齿侧间隙，反向时不会出现死区。图 3-17 是圆柱薄片齿轮可调拉簧错齿调隙机构。

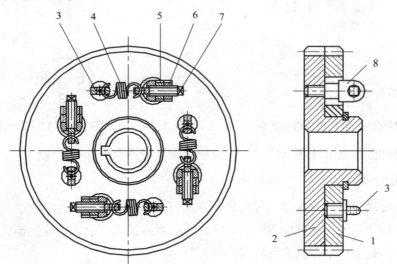

1、2—薄片齿轮；3、8—凸耳；4—弹簧；5、6—螺母；7—调整螺钉。

图 3-17　圆柱薄片齿轮可调拉簧错齿调隙机构

在两个薄片齿轮 1 和 2 的端面均匀分布着 4 个螺孔，分别装上凸耳 3 和 8。薄片齿轮 1 的端面还有另外 4 个通孔，凸耳 8 可以在其中穿过。弹簧 4 的两端分别钩在凸耳 3 和调整螺钉 7 上，通过螺母 5 调节弹簧 4 的拉力，调节完毕后用螺母 6 锁紧。弹簧的拉力使薄片齿轮错位，即两个薄片齿轮的左右齿面分别紧贴在宽齿轮齿槽的左右齿面上，从而消除了齿侧间隙。

圆柱斜齿轮传动齿侧间隙的消除方法基本上与上述圆柱薄片齿轮可调拉簧错齿调整法相同，也是用两个薄片齿轮和一个宽齿轮啮合，只是在两个薄片斜齿轮的中间隔开一小段距离，这样它的螺旋线便错开了。图3-18是斜齿薄片齿轮垫片错齿调隙机构，薄片齿轮由平键和轴连接，互相不能相对回转。薄片斜齿轮 1 和 2 的齿形拼装在一起加工。装配时，将垫片厚度增加或减少 Δt，然后再用螺母拧紧。这时两薄片斜齿轮的螺旋线就产生了错位，其左右两齿面分别与宽齿轮的齿面贴紧，从而消除了间隙。垫片厚度的增减量 Δt 可以用下式计算，即

$$\Delta t = \Delta \cos \beta \tag{3-43}$$

式中：Δ 为齿侧间隙；β 为斜齿轮的螺旋角。

垫片的厚度通常由试测法确定，一般要经过几次修磨才能调整好，因而调整较费时，且齿侧间隙不能自动补偿。

图3-19是斜齿薄片齿轮轴向压簧错齿调隙机构，其特点是齿侧间隙可以自动补偿，但轴向尺寸较大，结构不紧凑。

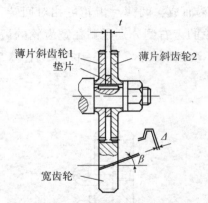

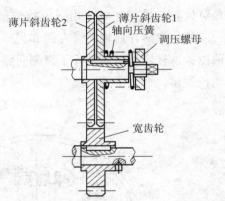

图 3-18　斜齿薄片齿轮垫片错齿调隙机构　　图 3-19　斜齿薄片齿轮轴向压簧错齿调隙机构

各种齿侧间隙调整方法各有优缺点，应根据设计需要合理选用。

3. 谐波齿轮传动

谐波齿轮传动具有结构简单、传动比范围大（几十至几百）、传动精度高、回程误差小、噪声低、传动平稳、承载能力强和效率高等一系列优点，故在工业机器人、航空航天等领域机电一体化系统中得到广泛应用。

图3-20为小型谐波齿轮减速器传动啮合机构，主要由 3 个主要构件组成，即具有内齿的刚轮、具有外齿的柔轮和波发生器。这 3 个构件和少齿差行星齿轮传动中的中心内齿轮、行星轮和系杆相当。通常波发生器为主动件，而刚轮和柔轮之一为从动件，另一个为固定件。当波发生器装入柔轮内孔时，由于前者的总长度略大于后者的内孔直径，故柔轮变为椭圆形，于是在椭圆的长轴两端产生了柔轮与刚轮轮齿的两个局部啮合区；同时在椭圆短轴两端，两轮轮齿则完全脱开。至于其余各处，则因柔轮回转方向的不同，或处于啮合状态，或处于非啮合状态。当波发生器连续转动时，柔轮长短轴的位置不断变化，从而

使轮齿的啮合处和脱开处也随之不断变化，于是在柔轮与刚轮之间就产生了相对位移，从而传递运动。

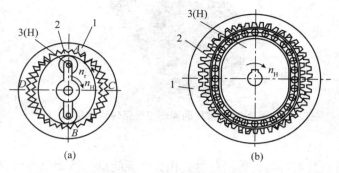

1—刚轮；2—柔轮；3—波发生器。

图 3-20 小型谐波齿轮减速器传动啮合机构

为了有利于柔轮的力平衡和防止轮齿干涉，刚轮和柔轮的齿数差应等于波发生器波数（即波发生器上的滚轮数）的整倍数，通常等于波数。常用的有两个触头的波发生器，即双波发生器，也有 3 个触头的。具有双波发生器的谐波齿轮减速器，其刚轮和柔轮的齿数之差为 $z_0 - z_r = 2$，其椭圆长轴的两端柔轮与刚轮的轮齿相啮合，在短轴方向的轮齿完全分离。当双波发生器逆时针转一圈时，两轮相对位移为两个齿距。当刚轮固定时，则柔轮的回转方向与双波发生器的回转方向相反。

由于在谐波齿轮传动过程中，柔轮与刚轮的啮合过程与行星齿轮传动类似，故其传动比可按周转轮系的计算方法求得。

四、挠性传动

除滚珠丝杠副、齿轮副等传动部件之外，机电一体化系统中还大量使用同步齿形带、钢带、链条、钢丝绳及尼龙绳等挠性传动部件。

1. 同步齿形带传动

同步齿形带传动，是一种新型的带传动，如图 3-21 所示，带传动结构利用齿形带的齿形与带轮的轮齿依次相啮合传动运动和动力，因而兼有带传动、齿轮传动及链传动的优点，即无相对滑动、平均传动比准确、传动精度高，而且齿形带强度高、厚度小、质量轻，故可用于高速传动；齿形带无须特别张紧，故作用在轴和轴承等上的载荷小，传动效率高，在数控机械上亦有应用。

图3-21　常用的同步齿形带传动结构

2. 钢带传动

钢带传动的特点是钢带与带轮间接触面积大、无间隙、摩擦阻力大、无滑动、结构简单紧凑、运行可靠、噪声低、驱动力大、寿命长、钢带无蠕变。

3. 绳轮传动

绳轮传动具有结构简单、传动刚度大、结构柔软、成本较低、噪声低等优点；其缺点是带轮较大、安装面积大，加速度不宜太高。

五、间歇传动

机电一体化系统中常用的间歇传动有棘轮传动、槽轮传动、蜗形凸轮传动等部件。这些传动部件可将输入的连续运动转换为间歇运动，其基本要求是移位迅速、移位过程中运动无冲击、停位准确可靠。

图3-22为蜗形凸轮传动机构，它由转盘1和安装在转盘上的滚子2和蜗形凸轮3组成。蜗形凸轮3以角速度 ω 连续旋转，当凸轮转过 θ（中心角）时，转盘就转过 φ（相邻两个滚子之间的夹角），在凸轮转过其余的角度 $2\pi - \theta$ 时，转盘停止不动，并靠凸轮的棱边卡在两个滚子中间，使转盘定位。这样，凸轮（主动件）的连续运动就变成转盘（从动件）的间歇运动。

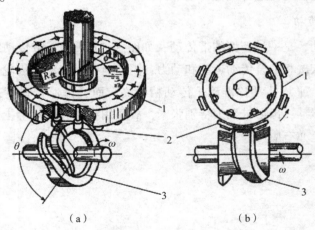

（a）　　　　　　　　　　　（b）

1—转盘；2—滚子；3—蜗形凸轮。

图3-22　蜗形凸轮传动机构

蜗形凸轮传动机构具有如下的特点：能够得到在实际中所能遇到的任意转位时间与静止时间之比，其工作时间系数 K 比槽轮传动机构的要小；能够实现转盘所要求的各种运动规律；与槽轮传动机构比较，能够用于工位数较多的设备上，而不需加入其他的传动机构；在一般情况下，凸轮棱边的定位精度已能满足要求，而不需其他定位装置；有足够高的刚度；装配方便；不足之处是它的制作加工工作量特别大，因而成本较高。

第三节　机械导向机构

机电一体化系统要求其机械系统的各运动机构需得到可靠的支承，并能准确地完成其特定方向的运动，该任务由机械导向机构来完成。机电一体化系统的机械导向机构是导轨副（见图 3-23），简称导轨，其作用是支承和导向。一副导轨主要由两部分组成，在工作时一部分固定不动，称为支承导轨（或导轨），另一部分相对支承导轨作直线或回转运动，称为动导轨（或滑座）。

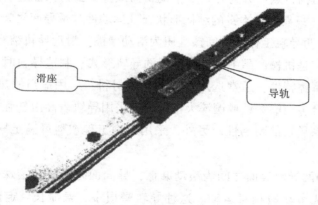

滑座　导轨

图 3-23　导轨副实物

一、概述

1. 导轨的基本要求

1）导向精度。导向精度主要是指动导轨沿支承导轨运动的直线度或圆度，影响它的因素有：导轨的几何精度、接触精度、结构形式、刚度、热变形、装配质量，以及液体动压和静压导轨的油膜厚度、油膜刚度等。

2）耐磨性。耐磨性是指导轨在长期使用过程中能否保持一定的导向精度。因导轨在工作过程中难免有所磨损，所以应力求减少磨损量，并在磨损后能自动补偿或便于调整。

3）疲劳和压溃。导轨面由于过载或接触应力不均匀而使导轨表面产生弹性变形，反复运行多次后就会形成疲劳点，呈塑性变形，表面形成因龟裂、剥落而出现的凹坑，这种现象就是压溃。疲劳和压溃是滚动导轨失效的主要原因，为此应控制滚动导轨承受的最大载荷和受载的均匀性。

4）刚度。导轨受力变形会影响导轨的导向精度及部件之间的相对位置，因此要求导轨应有足够的刚度。为减轻或平衡外力的影响，可采用加大导轨尺寸或添加辅助导轨的方法提高刚度。

5）低速运动平稳性。低速运动时，作为运动部件的动导轨易产生爬行现象。低速运动的平稳性与导轨的结构和润滑，动、静摩擦因数的差值，以及导轨的刚度等有关。

6）结构工艺性。设计导轨时，要注意到使制造、调整和维修方便，力求结构简单、工艺性及经济性好。

7）对温度的敏感性。导轨在环境温度变化的情况下应能正常工作，既不"卡死"，又不影响系统的运动精度。导轨对温度变化的敏感性，主要取决于导轨材料和导轨配合间隙的选择。

2. 导轨的分类和特点

常用的导轨种类很多，按其接触面的摩擦性质可分为滑动导轨、滚动导轨、流体介质摩擦导轨等；按其结构特点可分为开式（借助重力或弹簧弹力保证运动件与承导面之间的接触）导轨和闭式（只靠导轨本身的结构形状保证运动件与承导面之间的接触）导轨。

1）滑动导轨的两导轨工作面的摩擦性质为滑动摩擦。滑动导轨结构简单、制造方便、刚度好、抗振性高，是机械产品中最广泛使用的导轨形式。制造导轨时，为减小磨损、提高定位精度、改善摩擦特性，通常选用合适的导轨材料，采用适当的热处理和加工方法，如采用优质铸铁、合金耐磨铸铁或镶淬火钢导轨，采用导轨表面滚轧强化，表面淬硬、涂铬、涂钼等方法提高导轨的耐磨性。另外，采用新型工程塑料可满足导轨小摩擦、耐磨、无爬行的要求。

2）滚动导轨的两导轨表面之间为滚动摩擦，导向面之间放置滚珠、滚柱或滚针等滚动体来实现两导轨无滑动地相对运动。这种导轨磨损小、寿命长、定位精度高、灵敏度高、运动平稳可靠，但结构复杂、几何精度要求高、抗振性较差、防护要求高、制造困难、成本高，它适用于工作部件要求移动均匀、动作灵敏，以及定位精度高的场合，因此在高精密的机电一体化产品中广泛应用。

3. 导轨的设计要点

设计导轨应包括下列几方面内容：

1）根据工作条件，选择合适的导轨类型；

2）选择导轨的截面形状，以保证导向精度；

3）选择适当的导轨结构及尺寸，使其在给定的载荷及工作温度范围内，有足够的刚度、良好的耐磨性，以及运动轻便和低速平稳性；

4）选择导轨的补偿及调整装置，经长期使用后，通过调整能保持所需要的导向精度；

5）选择合理的耐磨涂料、润滑方法和防护装置，使导轨有良好的工作条件，以减少摩擦和磨损；

6）制订保证导轨正常工作所必需的技术条件，如选择适当的材料以及热处理、精加工和测量方法等。

二、滚动直线导轨

目前各种滚动导轨基本已实现生产的系列化，因此本节重点介绍滚动直线导轨的选用方法和有关计算。

1. 滚动直线导轨的特点

滚动直线导轨具有以下特点。

1）承载能力大。滚动直线导轨的滚道采用圆弧形式，增大了滚动体与圆弧滚道接触面积，从而大大提高了导轨的承载能力，其承载能力可达到平面滚道形式的 13 倍。

（2）刚性强。在制作滚动直线导轨时，常需要预加载荷，这使导轨系统刚度得以提高。所以滚动直线导轨在工作时能承受较大的冲击和振动。

（3）寿命长。由于是纯滚动，滚动直线导轨的摩擦因数为滑动导轨的 1/50 左右，磨损小，因而寿命长、功耗低、便于机械小型化。

（4）传动平稳可靠。由于滚动直线导轨的摩擦力小、动作轻便，因而其定位精度高、微量移动灵活准确。

（5）具有结构自调整能力。滚动直线导轨装配调整容易，因此降低了对配件加工精度的要求。

2. 滚动直线导轨的分类

滚动直线导轨的分类如下。

1）按滚动体的形状不同，滚动直线导轨分为钢珠式和滚柱式，如图 3-24（a）、（b）所示。由于滚柱式导轨为线接触，故其有较高的承载能力，但摩擦力也较大，同时加工装配也相对复杂。目前使用较多的是钢珠式导轨。

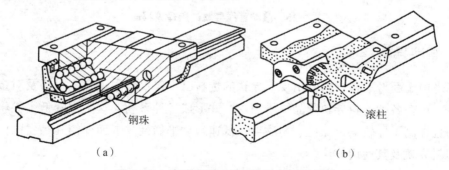

钢珠

滚柱

（a）   （b）

图 3-24 滚动直线导轨按滚动体形状分类

（a）钢珠式；（b）滚柱式

（2）按导轨截面的形状不同，滚动直线导轨分为矩形和梯形。矩形导轨截面，承载时各方向受力大小相等。梯形截面导轨能承受较大的垂直载荷，而其他方向的承载能力较低，但其对于安装基准的误差调节能力较强。

（3）按滚道沟槽的形状不同，滚动直线导轨分为单圆弧和双圆弧。单圆弧沟槽为两点接触，双圆弧沟槽为四点接触，前者的运动摩擦和对安装基准的误差平均作用比后者要小，但其静刚度比后者稍差。

3. 滚动直线导轨的选择流程

在设计选用滚动直线导轨时，除应对其使用条件，包括工作载荷、精度要求、速度、工作行程、预期工作寿命进行研究外，还需对其刚度、摩擦特性及误差平均作用、阻尼特征等进行综合考虑，从而实现正确合理的选用，以满足主机技术性能的要求。

滚动直线导轨的选择流程图如图 3-25 所示。

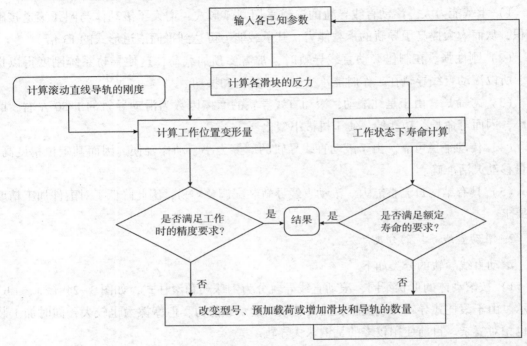

图 3-25　滚动直线导轨的选择流程图

三、塑料导轨

近年来由于新型工程材料的出现，导轨的选材已不仅仅局限于金属材料及对金属材料的加工上。现在各种塑料导轨制品纷纷涌现，并形成各种系列，这不仅降低了导轨的生产成本，而且提高了导轨的抗振性、耐磨性、低速运动平稳性。下面介绍几种在国内外应用广泛的塑料导轨及其使用方法。

1. 塑料导轨软带

塑料导轨软带的材料以聚四氟乙烯为基体，加入青铜粉、二硫化钼和石墨等填充剂混合烧结，并做成软带状。目前同类产品常用的有美国 Shamban 公司的 Turcite-B 和我国广州的 TSF 等。

（1）塑料导轨软带的特点

塑料导轨软带的特点如下。

1）摩擦因数低而稳定。塑料导轨软带的摩擦因数比铸铁导轨低一个数量级。

2）动静摩擦因数相近。塑料导轨软带的低速运动平稳性较铸铁导轨好。

3）吸收振动。塑料导轨软带由于材料具有良好的阻尼性，其抗振性优于接触刚度较低的滚动导轨和易漂浮的液体静压导轨。

4）耐磨性好。塑料导轨软带由于材料自身的润滑作用，因而即使无润滑也能工作。

5）化学稳定性好。塑料导轨软带耐高低温，耐强酸强碱、强氧化剂及各种有机溶剂。

6）维护修理方便。塑料导轨软带使用方便，磨损后更换容易。

7）经济性好。塑料导轨软带结构简单、成本低，其成本约为滚动导轨成本的 1/20、三层复合材料 DU 导轨板成本的 1/4。

（2）塑料导轨软带的使用

塑料导轨软带的粘接方法简单，通常采用粘接材料将其贴在所需处作为导轨表面，如图 3-26 所示。塑料导轨软带的粘接操作如下。

1）切制软带。按导轨面的几何尺寸放出适当余量切制。

2）清洗软带。用汽油或丙酮等清洁剂将软带清洗干净。

3）软带表面处理。软带材料一般具有不可粘性，要用生产厂指定的表面处理剂配成溶液浸泡软带使其表面产生可粘性，然后再清洗、干燥。

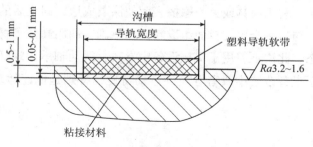

图 3-26　塑料导轨软带的粘接

4）被粘表面的准备。把被粘金属的表面粗糙度加工到 Ra 为 3.2 ~ 1.6 μm 和相应的表面精度，并清洗干净。

5）软带粘贴。用生产厂制定的配套胶粘剂以一定厚度均匀涂布在软带和被粘表面，然后将软带粘上，并要求胶层与软带间无气泡。

6）加压固化。在压力 0.1 ~ 0.15 MPa、温度 10 ~ 30 ℃下经 24 h 固化。

7）检查粘接质量。观察表面是否合乎要求，用小木锤轻敲整个软带表面，若敲打的声响音调一致，则表明粘接质量良好。

8）将配合表面加工至配合精度要求，开油槽。

2. 金属塑料复合导轨板

如图 3-27 所示，金属塑料复合导轨板分为 3 层，内层钢背保证导轨板的机械强度和承载能力。钢背上镀铜烧结球形青铜粉或者铜丝网形成多孔中间层，以提高导轨板的导热性，然后用真空浸渍的方法，使塑料进入孔或网中。当青铜与配合面摩擦发热时，由于塑料的热膨胀系数远大于金属，因而塑料将从多层孔的孔隙中挤出，向摩擦表面转移，形成厚 0.01 ~ 0.05 mm 的表面自润滑塑料层——外层。

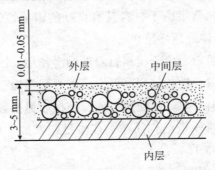

图 3-27　金属塑料复合导轨板

这种复合导轨板以英国 Glacier 公司的 DU 和 DX 最有代表性。我国某研究所研制的 FQ-1 复合导轨板及江苏、浙江、辽宁生产的复合导轨板与国外产品性能类似。金属塑料复合导轨板的特点是摩擦特性优良、耐磨损。

3. 塑料涂层

摩擦副的两配对表面中，若只有一个摩擦面磨损严重，则可把磨损部分切除，涂敷配制好的胶状塑料涂层，利用模具或另一摩擦表面使涂层成形，固化后的塑料涂层即成为摩擦副中配对面之一，与另一金属配对面组成新的摩擦副，利用高分子材料的性能特点，可得到良好的工作状态。此法不但用于机械设备中导轨、滑动轴承、蜗杆、齿条等各种摩擦副的修理，也可用于设备改装中改善导轨的运动特性，特别是低速运动的平稳性，此外，还可用于新产品设计。

第四节　机械执行机构

一、机械执行机构的基本要求

1. 惯量小、动力大

表征机械执行机构（简称执行机构）惯量的性能指标：对于直线运动为质量 m，对于回转运动为转动惯量 J。表征输出动力的性能指标为推力 F、转矩 T 或功率 P。对直线运动来说，设加速度为 a，则推力 $F=ma$，$a=F/m$。对回转运动来说，设角速度为 ω，角加速度为 ε，则 $P=\omega T$，$\varepsilon=T/J$，$T=J\varepsilon$。a 与 ε 表征了执行机构的加速性能。

另一种表征动力大小的综合性能指标称为比功率，它包含了功率、加速性能与转速 3

种因素，即比功率 $= P\varepsilon/\omega = \omega TT/(J\omega) = T^2/J$。

2. 体积小、质量轻

既要缩小执行机构的体积、减小其质量，同时又要增大其动力，故通常用执行机构的单位质量所能达到的输出功率或比功率，即用功率密度或比功率密度来评价这项指标。设执行机构的质量为 G，则功率密度 $= P/G$，比功率密度 $= (T^2/J)/G$。

3. 便于维修、安装

执行机构最好不需要维修。无刷 DC 及 AC 伺服电动机就是走向无维修的一例。

4. 易于计算机控制

根据这个要求，用计算机控制最方便的是电气式执行机构。因此机电一体化系统所用执行机构的主流是电气式执行机构，其次是液压式和气压式执行机构（在驱动接口中需要增加电—液或电—气变换环节）。

二、微动执行机构

1. 热变形式

热变形式执行机构属于微动执行机构，该类机构利用电热元件作为动力源，利用电热元件通电后产生的热变形实现微小位移，其工作原理如图 3-28 所示。传动杆 1 的一端固定在机座上，另一端固定在沿导轨移动的运动件 3 上。电阻丝 2 通电加热时，传动杆 1 受热伸长，其伸长量为

$$\Delta L = \alpha L\,(t_1 - t_0) = \alpha L \Delta t \tag{3-44}$$

式中：α 为传动杆 1 材料的线性膨胀系数（℃$^{-1}$）；L 为传动杆长度（mm）；t_1 为加热后的温度（℃）；t_0 为加热前的温度（℃）；Δt 为加热前后的温度差（℃）。

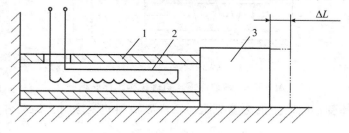

1—传动杆；2—电阻丝；3—运动件。

图 3-28 热变形式执行机构工作原理图

当传动杆 1 由于伸长而产生的力大于导轨副中的静摩擦力时，运动件 3 就开始移动。理想情况为运动件的移动量等于传动杆的伸长量；但由于导轨副摩擦力性质、位移速度、运动件质量，以及系统阻尼的影响，实际运动件的移动量与传动件的伸长量有一定差值，这称为运动误差 ΔS，即

$$\Delta S = \pm\frac{CL}{EA} \tag{3-44}$$

式中：C 为考虑到摩擦阻力、位移速度和阻尼的系数；E 为传动杆材料的弹性模量（Pa）；A 为传动杆的截面积（m^2）。所以位移的相对误差为

$$\frac{\Delta S}{\Delta L} = \pm \frac{C}{EA\alpha\Delta t} \quad\quad\quad (3-45)$$

为减少微量位移的相对误差，应增加传动杆的弹性模量 E、线性膨胀系数 α 和截面积 A，因此作为传动杆的材料，其线性膨胀系数和弹性模量要高。

热变形式执行机构可利用变压器、变阻器等来调节传动杆的加热速度，以实现对位移速度和微进给量的控制。为了使传动杆恢复到原来的位置（或使运动件复位），可利用压缩空气或乳化液流经传动杆的内腔使之冷却。

热变形式执行机构具有高刚度和无间隙的优点，并可通过控制加热电流来得到所需微量位移；但由于热惯性以及冷却速度难以精确控制等原因，这种执行机构只适用于行程较短、使用频率不高的场合。

2. 磁致伸缩式

磁致伸缩式执行机构利用某些材料在磁场作用下具有改变尺寸的磁致伸缩效应来实现微量位移，其工作原理如图 3-29 所示。磁致伸缩棒 1 左端固定在机座上，右端与运动件 2 相连；绕在磁致伸缩棒外的磁致线圈通电励磁后，在磁场作用下，棒 1 产生伸缩变形而使运动件 2 实现微量位移。通过改变线圈的通电电流来改变磁感应强度，使棒 1 产生不同的伸缩变形，从而运动件可得到不同的位移量。在磁场作用下，磁致伸缩棒的变形量为

$$\Delta L = \pm \lambda L \quad\quad\quad (3-46)$$

式中：λ 为材料磁致伸缩系数；L 为伸缩棒被磁化部分的长度（m）。

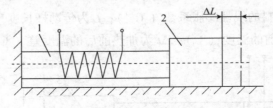

1—磁致伸缩棒；2—运动件。

图 3-29 磁致伸缩式执行机构工作原理图

当磁致伸缩棒变形时产生的力能克服运动件导轨副的摩擦时，运动件产生位移，其最小位移量为

$$\Delta L_{min} > F_0/K \quad\quad\quad (3-47)$$

最大位移量为

$$\Delta L_{max} \leqslant \lambda_s L - F_d/K \quad\quad\quad (3-48)$$

式中：F_0 为导轨副的静摩擦力；F_d 为导轨副的动摩擦力；K 为磁致伸缩棒的纵向刚度；λ_s 为磁饱和时磁致伸缩棒的相对磁致伸缩系数。

磁致伸缩式执行机构的特点为重复精度高、无间隙、刚度好、转动惯量小、工作稳定性好、结构简单且紧凑；但由于工程材料的磁致伸缩量有限，该类机构所提供的位移量很

小，如100 mm长的铁钴矾棒，磁致伸缩只能伸长7 μm，因而该类机构适用于精确位移调整、切削刀具的磨损补偿及自动调节系统。

三、工业机械手末端执行器

工业机械手是一种自动控制、可重复编程、多自由度的操作机，是能搬运物料、工件或操作工具，以及完成其他各种作业的机电一体化设备。工业机械手末端执行器（简称末端执行器）装在工业机械手手腕的前端，是直接执行操作功能的机构。

末端执行器因用途不同而结构各异，一般可分为3大类：机械夹持器、特种末端执行器、万能手（或灵巧手）。

1. 机械夹持器

机械夹持器是工业机械手中最常用的一种末端执行器。

（1）机械夹持器应具备的基本功能

首先机械夹持器应具有夹持和松开的功能。机械夹持器夹持工件时，应有一定的力约束和形状约束，以保证被夹工件在移动、停留和装入过程中不改变姿态。当需要松开工件时，应完全松开。另外，它还应保证工件夹持姿态再现几何偏差在给定的公差带内。

（2）分类和结构形式

机械夹持器常用压缩空气作动力源，经传动机构实现手指的运动。根据手指夹持工件时运动轨迹的不同，机械夹持器分为圆弧开合型、圆弧平行开合型和直线平行开合型夹持器。

1）圆弧开合型夹持器。在传动机构带动下，手指指端的运动轨迹为圆弧。如图3-30所示，图3-30（a）采用凸轮机构作为传动件，图3-30（b）采用连杆机构作为传动件。圆弧开合型夹持器工作时，两手指绕支点作圆弧运动，同时对工件进行夹紧和定心。这类夹持器对工件被夹持部位的尺寸有严格要求，否则可能会造成工件状态失常。

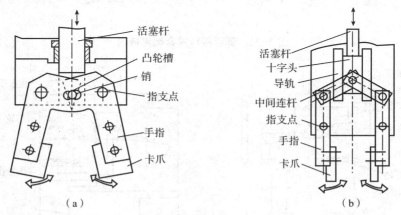

（a）　　　　　　　　　　　　（b）

图3-30　圆弧开合型夹持器

（a）采用凸轮机构作为传动件；（b）采用连杆机构作为传动件

2）圆弧平行开合型夹持器。这类夹持器两手指工作时做平行开合运动，而指端运动轨迹为一圆弧。图3-31所示的夹持器是采用平行四边形传动机构带动手指的平行开合的两种情况，其中，图3-31（a）所示机构在夹持时指端前进，图3-31（b）所示机构在夹持时指端后退。

3）直线平行开合型夹持器。这类夹持器两手指的运动轨迹为直线，且两指夹持面始终保持平行，如图3-32所示。图3-32（a）采用凸轮机构实现两手指的平行开合，在各指的滑动块上开有斜形凸轮槽，当活塞杆上下运动时，通过装在其末端的滚子在凸轮槽中运动实现手指的平行夹持运动。图3-32（b）采用齿轮齿条机构，当活塞杆末端的齿条带动齿轮旋转时，手指齿条做直线运动，从而使两手指平行开合，以夹持工件。

机械夹持器根据作业的需要形式繁多，有时为了抓取特别复杂形体的工件，还设计有特种手指机构的机械夹持器，如具有钢丝绳滑轮机构的多关节柔性手指夹持器、膨胀式橡胶手袋手指夹持器等。

2. 特种末端执行器

特种末端执行器供工业机械手完成某类特定的作业，下面简单介绍其中的两种。

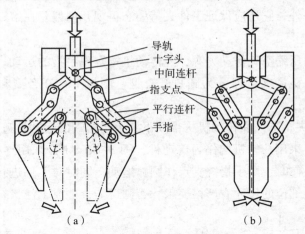

图3-31　圆弧平行开合型夹持器

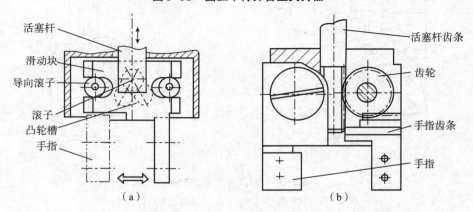

图3-32　直线平行开合型夹持器

（1）真空吸附手

工业机械手中常把真空吸附手与负压发生器组成一个负压真空吸附系统（见图3-33），控制电磁换向阀的开合可实现对工件的吸附和脱开。真空吸附手结构简单、价格低廉，且吸附作业具有一定的柔顺性（见图3-34），这样即使工件有尺寸偏差和位置偏差也不会影响真空吸附手的工作。它常用于小件搬运，也可根据工件形状、尺寸、质量的不同将多个真空吸附手组合使用。

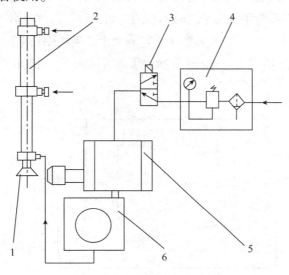

1—真空吸附手；2—送进缸；3—电磁换向阀；4—调压单元；5—负压发生器；6—空气净化过滤器。

图3-33 负压真空吸附系统

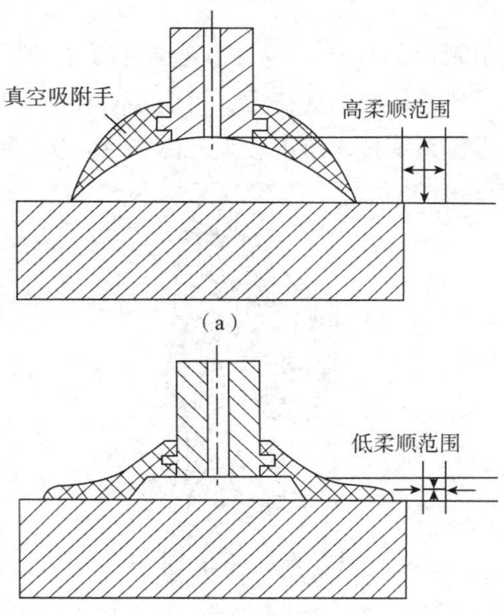

![图3-34]

（a）

（b）

图3-34 真空吸附手的柔顺性

（a）高柔顺状态；（b）低柔顺状态

（2）电磁吸附手

电磁吸附手利用通电线圈的磁场对可磁化材料的作用力来实现对工件的吸附作用，它同样具有结构简单、价格低廉等特点，但最特殊的是，它吸附工件的过程是从不接触工件开始的，工件与吸附手接触之前处于漂浮状态，即吸附过程由极大的柔顺状态突变到低的柔顺状态。这种吸附手的吸附力是由通电线圈的磁场提供的，所以可用于搬运较大的可磁化性材料的工件。

电磁吸附手的形式根据被吸附工件表面形状来设计，用于吸附平坦表面工件的应用场合较多。图 3-35 所示的电磁吸附手可用于吸附不同的曲面工件，这种吸附手在吸附部位装有磁粉袋，励磁线圈通电前将可变形的磁粉袋贴在工件表面上，当线圈通电励磁后，在磁场作用下，磁粉袋端部外形固定成被吸附工件的表面形状，从而达到吸附不同表面形状工件的目的。

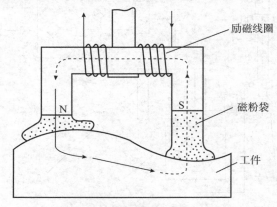

图 3-35　具有磁粉袋的电磁吸附手

3. 万能手

万能手是一种模仿人手制作的多指、多关节的末端执行器，它可适应物体外形的变化，对物体施加任意方向、任意大小的夹持力，可满足对任意形状、不同材质物体的操作和抓持要求，但其控制、操作系统技术难度较大。图 3-36 为万能手的一个实例。

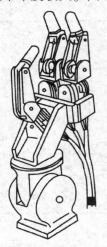

图 3-36　万能手实例

第四章
传感检测技术

第一节 概 述

一、传感检测技术的概念

传感器是借助于检测元件接收一种形式的信息，并按一定规律将它转换成另一种信息的装置。它获取的信息可以是各种物理量、化学量和生物量，而且转换后的信息也有各种形式。当今电信号是最易于处理和便于传输的信号，所以目前大多数的传感器将获取的信息转换为电信号。

传感检测技术是一门涉及传感原理、传感器件设计、传感器开发和应用的综合技术。传感技术的含义则更为广泛，它是敏感功能材料科学、传感器技术、微细加工技术等多学科技术互相交叉渗透而形成的一门新技术学科——传感器工程学。

目前，传感器应用领域已经十分广泛，在国防、航空、航天、交通运输、能源、机械、石油、化工、轻工、纺织等工业部门和环境保护、生物医学工程等方面都大量地采用各种各样的传感器。

二、传感器的分类

用于测量与控制的传感器种类繁多，一种被测量，可以用不同的传感器来测量；而同一原理的传感器，通常又可测量多种非电量。因此，传感器的分类方法也很多，通常有两种方法来分类传感器：一种是以被测量来分类，另一种是以传感器的工作原理来分类。传感器按输出信号性质分类如图4-1所示。

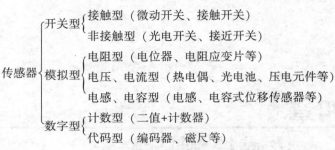

图4-1　传感器按输出信号性质分类

三、传感器选用原则

传感器是测量与控制系统的首要环节，通常应该满足快速、准确、可靠而又经济地实现信息转换的基本要求，即：

1）足够的容量——传感器的工作范围或量程足够的大，具有一定的过载能力；

2）与测量或控制系统的匹配性好，转换灵敏度高——要求其输出信号与被测输入信号呈确定关系（通常为线性），且比值要大；

3）精度适当且稳定性高——传感器的静态响应与动态响应的准确度能满足要求，并且长期稳定；

4）反应速度快，工作可靠性好；

5）适用性和适应性强——动作能量小，对被测对象的状态影响小，内部噪声小又不易受外界干扰的影响，使用安全等；

6）使用经济——成本低、寿命长，且易于使用、维修和校准。

其实在实际的传感器选用过程中，能完全满足上述要求的传感器是很少的。所以，应根据应用的目的、使用环境、被测对象情况、精度要求和信号处理等具体条件全面综合考虑。

四、传感检测技术的发展趋势

传感检测技术是一门综合性很强的边缘科学技术，它与数学、物理学、化学、材料学以及加工、装配等许多新技术有着密切的关系。特别是微型计算机及集成电子技术、激光及光纤维技术等新技术的出现，对传感检测技术发展产生了很大的影响。

当今，传感检测技术正在飞速向前发展，它的发展主要集中在两个方面，即传感器本身的研究开发和传感器应用的开发。人们正在寻求传感器技术发展的新途径，例如，开发新型传感器，传感器的集成化、多功能化、智能化，研究生物感官和开发仿生传感器等。

第二节 位移测量传感器

一、电容传感器

电容传感器是将被测非电量的变化转换为电容量变化的一种传感器。这种传感器具有结构简单、分辨率高、可非接触测量，并能在高温、辐射和强烈振动等恶劣条件下工作等优点。目前，集成电路技术和计算机技术的不断发展，正在促使电容传感器扬长避短，成为一种很有发展前途的传感器。

由物理学知识可知，由绝缘电介质分开的两个平行金属板电容器，当忽略边缘效应影响时，其电容量与真空介电常数 ε_0 (8.854×10^{-12} F·m^{-1})、极板间电介质的相对介电常数 ε_r、极板的有效面积 A，以及两极板间的距离 δ 有关，即

$$C = \frac{\varepsilon_0 \varepsilon_r A}{\delta} \tag{4-1}$$

被测量的变化式中 δ、A、ε_r 变量中任意一个发生变化时，都会引起电容量的变化，且通过测量电路就可转换为电量输出。因此，电容传感器可分为变极距型、变面积型和变介质型 3 种类型。

1. 变极距型电容传感器

图4-2 为变极距型电容传感器的工作原理图。当传感器的 ε_r 和 A 为常数，初始极距为 δ_0，则由 $C_0 = \frac{\varepsilon_0 \varepsilon_r A}{\delta_0}$ 可求得初始电容量 C_0。

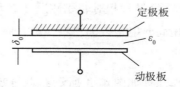

图4-2 变极距型电容传感器的工作原理图

当动极板因被测量变化而向上移动，使 δ_0 减小 $\Delta\delta_0$ 时，电容量增大了 ΔC，则有

$$C_0 + \Delta C = \frac{\varepsilon_0 \varepsilon_r A}{\delta_0 - \Delta\delta} = C_0 \frac{1}{1 - \Delta\delta/\delta_0} \tag{4-2}$$

由此可见，传感器输出特性 $C = f(\delta)$ 是非线性的，电容量的相对变化量为

$$\frac{\Delta C}{C_0} = \frac{\Delta\delta}{\delta_0}\left(1 - \frac{\Delta\delta}{\delta_0}\right)^{-1} \tag{4-3}$$

如果满足条件 $(\Delta\delta/\delta_0) \ll 1$，可按级数展开得

$$\frac{\Delta C}{C_0} = \frac{\Delta\delta}{\delta_0}\left[1 + \frac{\Delta\delta}{\delta_0} + \left(\frac{\Delta\delta}{\delta_0}\right)^2 + \left(\frac{\Delta\delta}{\delta_0}\right)^3 + \cdots\right] \tag{4-4}$$

略去高次（非线性）项，可得近似的线性关系和灵敏度 S 分别为

$$\frac{\Delta C}{C_0} \approx \frac{\Delta \delta}{\delta_0} \tag{4-5}$$

$$S = \frac{\Delta C}{\Delta \delta} = \frac{C_0}{\delta_0} = \frac{\varepsilon_0 \varepsilon_r A}{\delta_0^2} \tag{4-6}$$

如果考虑级数展开式中的线性项及二次项，则

$$\frac{\Delta C}{C_0} = \frac{\Delta \delta}{\delta_0}\left(1 + \frac{\Delta \delta}{\delta_0}\right) \tag{4-7}$$

式（4-7）的特性曲线如图4-3所示。

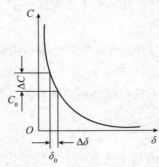

图4-3 变极距型电容传感器的非线性特性曲线

因此，以式（4-5）为传感器的特性使用时，其相对非线性误差 e_f 为

$$e_f = \frac{|(\Delta \delta / \delta_0)^2|}{|(\Delta \delta / \delta_0)|} \times 100\% = |\Delta \delta / \delta_0| \times 100\% \tag{4-8}$$

由以上讨论可知：变极距型电容传感器只有在 $\Delta \delta / \delta_0$ 很小（小测量范围）时，才有近似的线性输出；灵敏度 S 与初始极距的平方成反比，故可用减小 δ_0 的办法来提高灵敏度。

由式（4-8）可见，δ_0 的减小会导致相对非线性误差增大；δ_0 过小还可能引起电容器击穿或短路。为此，极板间可采用高介电常数的材料作电介质。

2. 变面积型电容传感器

变面积型电容传感器的工作原理如图4-4所示，它与变极距型电容传感器不同的是，被测量通过动极板移动，引起两极板有效覆盖面积 A 改变，从而使电容量变化。设动极板相对定极板沿长度 l_0 方向平移 Δl 时，则电容量为

$$C = C_0 - \Delta C = \frac{\varepsilon_0 \varepsilon_r (l_0 - \Delta l) b_0}{\delta_0} \tag{4-9}$$

式中：$C_0 = \varepsilon_0 \varepsilon_r l_0 b_0 / \delta_0$ 为初始电容量；b_0 为极板宽度；l_0 为极板长度。

电容量的相对变化量为

$$\frac{\Delta C}{C_0} = \frac{\Delta l}{l_0} \tag{4-10}$$

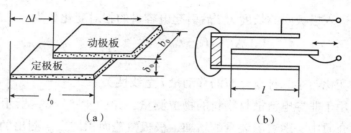

图4-4 变面积型电容传感器的工作原理图

（a）单片式；（b）中间极移动式

很明显，这种传感器的输出特性呈线性变化。因而其量程不受线性范围的限制，适合于测量较大的直线位移和角位移。它的灵敏度为

$$S = \frac{\Delta C}{\Delta l} = \frac{\varepsilon_0 \varepsilon_r b_0}{\delta_0} \tag{4-11}$$

必须指出，上述讨论只在初始极距 δ_0 精确保持不变时成立，否则将导致测量误差。为减小这种影响，可以使用图4-4（b）中所示的中间极移动式结构。

变面积型电容传感器与变极距型电容传感器相比，其灵敏度较低。因此，在实际应用中，也采用差动式结构，以提高灵敏度。

3. 变介质型电容传感器

变介质型电容传感器有较多的结构形式，可以用来测量纸张、绝缘薄膜等的厚度，也可以用来测量粮食、纺织品、木材或煤等非导电固体的湿度。

变介质型电容传感器的工作原理图如图4-5所示，图4-5（a）中两平行极板固定不动，极距为 δ_0，相对介电常数为 ε_{r2} 的电介质以不同深度插入电容器中，从而改变两种电介质的极板覆盖面积。传感器的总电容量 C 为两个电容 C_1 和 C_2 的并联结果。

$$C = C_1 + C_2 = \frac{\varepsilon_0 b_0}{\delta_0} [\varepsilon_{r1}(l_0 - l) + \varepsilon_{r2} l] \tag{4-12}$$

式中：l_0、b_0 为极板长度和宽度；l 为第二种电介质进入极板间的长度。

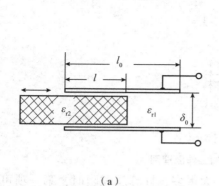

（a）

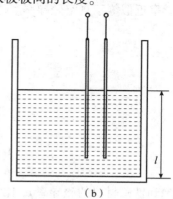

（b）

图4-5 变介质型电容传感器的工作原理图

（a）电介质插入式；（b）非导电流散材物料的物位测量

若第一种电介质为空气（$\varepsilon_{r1} = 1$），当 $l = 0$ 时传感器的初始电容量 $C_0 = \varepsilon_0 \varepsilon_r l_0 b_0 / \delta_0$；

当第二种电介质进入极板间的长度为 l 后引起电容量的相对变化量为

$$\frac{\Delta C}{C_0} = \frac{C - C_0}{C_0} = \frac{\varepsilon_{r2} - 1}{l_0} l \tag{4-13}$$

可见，电容量的变化与第二种电介质的移动量 l 呈线性关系。

上述原理可用于非导电流散材物料的物位测量，如图 4-5（b）所示，将电容器极板插入被监视的电介质中，随着灌装量的增加，极板覆盖面积增大。测出的电容量即反映灌装高度 l。

二、电感传感器

电感传感器是把被测量的变化转换成线圈自感系数或互感系数变化的装置。利用磁场作媒介或利用铁磁体的转换性能，使线圈绕组自感系数或互感系数变化是这类传感器的基本特征。电感传感器结构简单、输出功率大、输出阻抗小、抗干扰能力强，但它的动态响应慢，不宜作快速动态测试。

1. 自感式传感器工作原理

由物理学磁路知识可知，线圈的自感系数（以下简称自感）为

$$L = W^2 / R_{\text{M}} \tag{4-14}$$

式中：W 为线圈匝数；R_{M} 为磁路总磁阻。

如图 4-6 所示，当铁芯与衔铁之间有一很小空气隙（简称气隙）δ 时，可以认为气隙间磁场是均匀的，磁路是封闭的。不考虑磁路损失时，总磁阻为

$$R_{\text{M}} = \sum_{i=1}^{n} \frac{l_i}{\mu_i S_i} + 2 \frac{\delta}{\mu_0 S} \tag{4-15}$$

式中：右边第一项为铁磁材料的磁阻；第二项为气隙的磁阻；l_i 为铁磁材料各段长度；S_i 为相应段的截面积；μ_i 为相应段的磁导率；δ 为气隙厚度；S 为气隙截面；μ_0 为真空磁导率，空气磁导率近似等于真空磁导率。

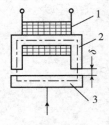

1—线圈；2—铁芯；3—衔铁。

图 4-6 自感式传感器的工作原理图

考虑到铁磁材料的磁导率 μ_i 比空气磁导率 μ_0 大得多，计算总磁阻时，第一项可忽略不计，则

$$R_{\text{M}} \approx 2\delta / (\mu_0 S) \tag{4-16}$$

$$L = W^2 \frac{\mu_0 S}{2\delta} \qquad\qquad (4-17)$$

根据式（4-17）可知，可以分别通过气隙厚度 δ、气隙截面积 S 来改变自感系数 L。自感系数 L 与气隙厚度 δ 成反比，有非线性误差，灵敏系数 K_L 高；自感系数 L 与截面积 S 成正比，呈线性关系，灵敏系数 K_L 较低。

另外，利用某些铁磁材料的压磁效应对磁导率的影响，可设计出压磁式传感器。

2. 变气隙式电感传感器

由式（4-17）可知，当气隙减少 $\Delta\delta$ 时，自感 L 将增加 ΔL，一般取 $\delta = 0.1 \sim 0.5$ mm。由此可得

$$\Delta L = \frac{W^2 \mu_0 S}{2}\left(\frac{1}{\delta - \Delta\delta} - \frac{1}{\delta}\right) = L\frac{\Delta\delta}{\delta - \Delta\delta} = L\frac{\Delta\delta/\delta}{1 - \Delta\delta/\delta} \qquad (4-18)$$

显然，$\Delta\delta/\delta < 1$，利用幂级数展开式，有

$$\frac{\Delta L}{L} = \frac{\Delta\delta}{\delta}\left[1 + \frac{\Delta\delta}{\delta} + \left(\frac{\Delta\delta}{\delta}\right)^2 + \left(\frac{\Delta\delta}{\delta}\right)^3 + \cdots\right] \qquad (4-19)$$

去掉高次项，作线性化处理，有

$$\frac{\Delta L}{L} \approx \frac{\Delta\delta}{\delta} \qquad\qquad (4-20)$$

定义变气隙式电感传感器灵敏系数为

$$K_L = \frac{\Delta L/L}{\Delta\delta} = \frac{1}{\delta} \qquad\qquad (4-21)$$

在实际中大都采用差动式变气隙传感器，如图4-7所示，当衔铁由平衡位置变动 $\Delta\delta$ 时，上气隙为 $\delta_0 - \Delta\delta$，上线圈自感增加 ΔL；下气隙为 $\delta_0 + \Delta\delta$，下线圈自感减少 ΔL，则自感总变化量为

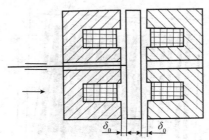

图4-7　差动式变气隙传感器

$$\Delta L' = L_0\frac{2\Delta\delta}{\delta_0 - \dfrac{(\Delta\delta)^2}{\delta_0}} \qquad\qquad (4-22)$$

不计分母中 $(\Delta\delta)^2/\delta_0$，则有

$$\Delta L' = L_0\frac{2\Delta\delta}{\delta_0} \qquad\qquad (4-23)$$

定义差动式变气隙传感器的灵敏系数为

$$K'_L = \frac{\Delta L'/L_0}{\Delta \delta} = \frac{2}{\delta_0} \tag{4-24}$$

由式（4-24）可知，差动式变气隙传感器较变气隙式电感传感器灵敏度提高了一倍，非线性误差减小。

三、光栅

光栅是由很多等节距的透光缝隙和不透光的划线均匀相间排列构成的光器件。其按工作原理不同，有物理光栅和计量光栅之分；前者的刻线比后者细密。物理光栅主要利用光的衍射现象，通常用于光谱分析和光波长测定等方面；计量光栅主要利用光栅的莫尔条纹现象，它较广泛地应用于位移的精密测量与控制中。

按应用需要，计量光栅有透射光栅和反射光栅之分；而且根据用途不同，计量光栅又可制成用于测量线位移的长光栅和测量角位移的圆光栅。

按光栅的表面结构不同，光栅又可分为幅值（黑白）光栅和相位（闪耀）光栅两种形式。前者特点是栅线与缝隙是黑白相间的，多用照相复制法进行加工；后者的横断面呈锯齿状，常用刻划法加工。另外，目前还发展了偏振光栅、全息光栅等新型光栅。本节主要讨论黑白透射光栅。

1. 光栅的结构与测量原理

（1）莫尔条纹

在日常生活中经常能见到莫尔现象，如将两层窗纱、蚊帐、薄绸叠合，就可看到类似的莫尔条纹，如图 4-8 所示。

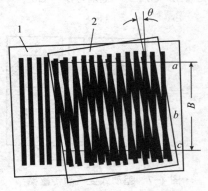

1—主光栅；2—指示光栅。

图4-8　莫尔条纹

光栅的基本元件是主光栅和指示光栅。主光栅（标尺光栅）是刻有均匀线纹的长条形玻璃尺，刻线密度由精度决定。常用的光栅有每毫米 10、25、50、100 条线等几种类型。a 为刻线宽度，b 为缝隙的宽度，$W = a + b$ 为栅距（节距），一般 $a = b = W/2$。指示光栅较主光栅短得多，也刻着与主光栅同样密度的线纹。将这样两块光栅叠合在一起，并使两者沿刻线方向成一很小的夹角 θ。由于遮光效应，在光栅上会现出明暗相间的条纹，如图4-8所示。两块光栅的刻线相交处，形成亮带；一块光栅的刻线与另一块的缝隙相交，形成暗带。这种明暗相间的条纹称为莫尔条纹。若改变夹角 θ，两条莫尔条纹间的距离 B 也会随之变化，间距 B 与栅距 W（mm）和夹角 θ（rad）的关系可表示为

$$B = W/2\sin\frac{\theta}{2} \approx W/\theta \tag{4-25}$$

莫尔条纹与两光栅刻线夹角的平分线保持垂直。当两光栅沿刻线的垂直方向做相对运动时，莫尔条纹沿着夹角 θ 平分线的方向移动，其移动方向随两光栅相对移动方向的改变而改变。光栅每移过一个栅距，莫尔条纹相应地移动一个间距。

从式（4-25）可知，当夹角 θ 很小时，$B \gg W$，即莫尔条纹具有放大作用，读出莫尔条纹的数目比读刻线数便利得多。根据光栅栅距的位移和莫尔条纹位移的对应关系，通过测量莫尔条纹移过的距离，就可以测出小于光栅栅距的微位移量。

由于莫尔条纹是由光栅的大量刻线共同形成的，光电元件接收的光信号是进入指示光栅视场的线纹数的综合平均结果。若某个光栅有局部误差或短周期误差，由于平均效应，其影响将大大减弱，并削弱长周期误差。

此外，由于夹角 θ 可以调节，从而可以根据需要来调节条纹宽度，这给实际应用带来了方便。

（2）光电转换

为了进行莫尔条纹读数，在光路系统中除了主光栅与指示光栅外，还必须有光源、聚光镜和光电元件等。图4-9为一透射式光栅传感器的结构图。主光栅1与指示光栅2之间保持有一定的间隙。光源发出的光通过聚光镜后成为平行光照射光栅，光电元件（如硅光电池）把透过光栅的光转换成电信号。

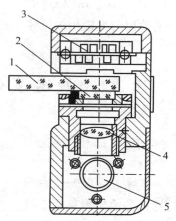

1—主光栅；2—指示光栅；3—硅光电池；4—聚光镜；5—光源。

图4-9　透射式光栅传感器的结构图

当两块光栅相对移动时，光电元件上的光强随莫尔条纹移动而变化。如图4-10所示，在 a 位置，两块光栅刻线重叠，透过的光最多，光强最大；在位置 c，光被遮去一半，光强减小；在位置 d，光被完全遮去而成全黑，光强为零。光栅继续右移到位置 e，光又重新透过，光强增大。在理想状态时，光强的变化与位移呈线性关系。但在实际应用中两光栅之间必须有间隙，透过的光线有一定的发散，达不到最亮和全黑的状态；再加上光栅的几何形状误差、刻线的图形误差及光电元件的参数影响，所以输出波形是一近似的正弦曲线，如图4-10所示。可以采用空间滤波和电子滤波等方法来消除谐波分量，以获得正弦信号。

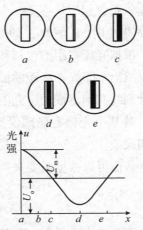

图 4-10 光栅位移与光强、输出信号的关系

光电元件的输出电压 u（或电流 i）由直流分量 U_o 和幅值为 U_m 的交流分量叠加而成，即

$$u = U_o + U_m \sin(2\pi x / W) \tag{4-26}$$

式（4-26）表明了光电元件的输出与光栅相对位移 x 的关系。

第三节　速度、加速度传感器

一、直流测速机

直流测速机是一种测速元件，实际上它就是一台微型的直流发电机。直流测速机的特点是输出斜率大、线性好，但由于有电刷和换向器，使其构造和维护比较复杂，摩擦转矩较大。

直流测速机的结构有多种，但工作原理基本相同。图4-11所示为永磁式测速机的工作原理图。恒定磁通

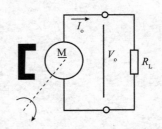

图 4-11 永磁式测速机的工作原理图

由定子产生，当转子在磁场中旋转时，电枢绕组中即产生交变的电动势，经换向器和电刷转换成与转子速度成正比的直流电动势。

直流测速机在机电控制系统中，主要用作测速和校正元件。在使用中，为提高检测灵敏度，尽量把它连接到电动机轴上，有的电动机本身就已安装了直流测速机。

二、光电式转速传感器

光电式转速传感器是一种能量转换型传感器，它将光能转换成电能。入射的电磁辐射能量的大小和性质，反映了光能量的存在和所携带的被测量的变化信息。物质被光照射后，其电学性质发生变化，这种变化和入射的辐射能强度有严格的对应关系，故准确地测出反映电能变化的电压、电流和频率等，就可以把辐射能中所携带的反映被测量的信息测出。光信号是中间的媒介，目的是把被测量的变化通过光信号的变化转换成电信号。具有上述功能的材料称为光敏材料，用光敏材料制成光敏器件，能检测光辐射所携带的信息。

早期的光敏器件，主要是利用各种光电效应制成的无源光敏器件，有外光电效应的光电管和光电倍增器；内光电效应的光导管、光敏二极管、光敏晶体管及光电池等。新发展的光敏器件主要是光纤传感器和电荷耦合摄像器件，其中光纤传感器是有源光传感器。

光电式转速传感器是由装在被测轴（或与被测轴相连接的输入轴）上的带缝隙圆盘、光源、光电元件及指示缝隙盘组成，如图 4-12 所示。光源发出的光通过带缝隙圆盘和指示缝隙盘照射到光电元件上。

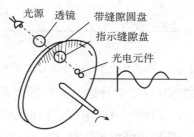
光源 透镜 带缝隙圆盘
指示缝隙盘
光电元件

图 4-12 光电式转速传感器结构与原理图

当带缝隙圆盘随被测轴转动时，由于圆盘上的缝隙间距与指示缝隙盘上指示缝隙的间距相同，因此圆盘每转一周，光电元件输出与指示缝隙数相等的电脉冲，根据测量时间 t 内的脉冲数 N，可测出转速为 $n=60\,N/(Zt)$，其中：Z 为圆盘上的缝隙数；n 为转速（r/min）；t 为测量时间（s）。

第四节 位置传感器

位置传感器和位移传感器不一样，它所测量的不是一段距离的变化量，而是通过检测，确定是否已到某一位置。因此，它只需要产生能反映某种状态的开关量就可以了。位置传感器分为接触式位置传感器和接近式位置传感器两种。所谓接触式位置传感器就是能获取两个物体是否已接触的信息的一种传感器；而接近式位置传感器是用来判别在某一范围内是否有某一物体的一种传感器。

一、接触式位置传感器

接触式位置传感器用微动开关之类的触点器件便可构成。

二、接近式位置传感器

接近式位置传感器按其工作原理主要分为：电磁式位置传感器、光电式位置传感器、静电容式位置传感器、气压式位置传感器、超声波式位置传感器。这几种传感器的基本工作原理图如图4-13表示。但是，这5种位置传感器当中使用得最多的是电磁式位置传感器，它的工作原理如下：当一个永久磁铁或一个通有高频电流的线圈接近一个铁磁体时，它们的磁力线分布将发生变化，因此，可以用另一组线圈检测这种变化；当铁磁体靠近或远离磁场时，它所引起的磁通量变化将在线圈中感应出一个电流脉冲，其幅值正比于磁通的变化率。

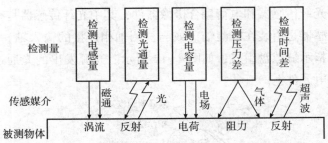

图4-13 接近式位置传感器的工作原理图

图4-14给出了线圈两端的电压随铁磁体进入磁场速度的变化曲线，其电压极性取决于物体是进入磁场还是离开磁场。因此，对此电压进行积分便可得出一个二值信号。当积分值小于一特定的阈值时，积分器输出低电平；反之，则输出高电平，此时表示已接近某一物体。

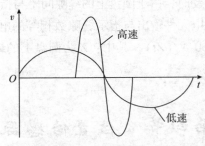

图4-14 电压随铁磁体进入磁场速度的变化曲线

显然，电磁式位置传感器只能检测电磁材料，对其他非电磁材料则无能为力。而静电容式位置传感器却能克服以上缺点，它几乎能检测所有的固体和液体材料。

根据电容量的变化检测物体接近程度的电子学方法有多种，但最简单的方法是将电容器作为振荡电路的一部分，并设计成只有在传感器的电容量超过预定阈值时才产生振荡，然后再经过变换，使其成为输出电压，用以表示物体的出现。

现在使用得较多的还有光电式位置传感器，与前面介绍的几种位置传感器相比，这种传感器具有体积小、可靠性高、检测位置精度高、响应速度快、易与 TTL 电路兼容等优点。它分透光型和反射型两种。

在透光型光电式位置传感器中，发光器件和受光器件相对放置，中间留有间隙。当被测物体到达这一间隙时，发射光被遮住，从而接收器件（光敏元件）便可检测出物体已经到达。这种传感器的接口电路如图 4-15 所示。

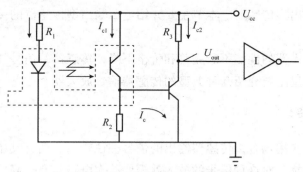

图 4-15　透光型光电式位置传感器的接口电路

反射型光电式位置传感器发出的光经被测物体反射后再落到检测器件上，它的基本情况大致与透射型光电式位置传感器相似，但由于是检测反射光，所以得到的输出电流 I_c 较小。另外，对于不同的物体表面，信噪比也不一样，因此，设定限幅电平就显得非常重要。图 4-16 为反射型光电式位置传感器的接口电路，它的电路和透射型光电式位置传感器大致相同，只是接收器的发射极电阻用得较大，且为可调，这主要是因为反射型光电式位置传感器的光电流较小且有很大分散性。

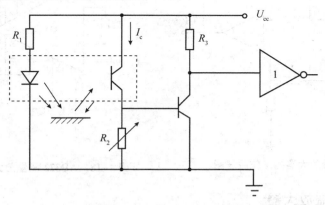

图 4-16　反射型光电式位置传感器的接口电路

<h1 style="text-align:center">第五节　放大器</h1>

　　传感器所感知、检测、转换想传递的信息表现形式为不同的电信号。按传感器输出电信号的参量形式，可将传感器分为电压输出型、电流输出型和频率输出型传感器，其中以电压输出型传感器为最多。在电流输出型和频率输出型传感器当中，除了少数直接利用其电流或频率输出信号外，大多数是分别配以电流—电压变换器或频率—电压变换器，从而将它们转换成电压输出型传感器。本节主要介绍电压输出型传感器的接口电路和模拟信号的处理。

　　随着集成运算放大器的性能不断完善和价格下降，传感器的信号放大越来越多地采用集成运算放大器。这里主要介绍几种典型的传感器信号放大器。

一、测量放大器

　　在许多检测技术应用场合，传感器输出的信号往往较弱，而且其中还包含工频、静电和电磁耦合等共模干扰，对这种信号的放大就需要放大电路具有很高的共模抑制比，以及高增益、低噪声和高输入阻抗。习惯上将具有这种特点的放大器称为测量放大器或仪表放大器，如图 4-17、4-18 所示。

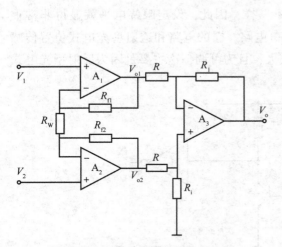

图 4-17　测量放大器的工作原理图

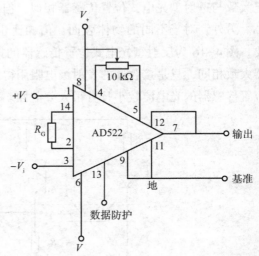

图 4-18　AD522 测量放大器的典型接法

二、程控增益放大器

　　经过处理的模拟信号，在送入计算机进行处理前，必须进行量化，即进行模拟/数字变换（模/数转换、A/D 转换），变换后的数字信号才能为计算机接收和处理。当模拟信号送到模/数变换器时，为减少转换误差，一般希望送来的模拟信号尽可能大，如采用 A/

D（模/数）变换器进行模数转换时，在 A/D 变换器输入的允许范围内，希望输入的模拟信号尽可能达到最大值；然而，当被测参量变化范围较大时，经传感器转换后的模拟小信号变化也较大。在这种情况下，如果单纯只使用一个放大倍数的放大器，就无法满足上述要求；在进行小信号转换时，可能会引入较大的误差。为解决这个问题，工程上常采用通过改变放大器增益的方法，来实现不同幅度信号的放大，如万用表、示波器等许多测量仪器的量程变换等。

选择不同的开关闭合，即可实现增益的变换。如果利用软件对开关闭合进行选择，即可实现程控增益变换。程控增益放大器的工作原理如图 4-19 所示。

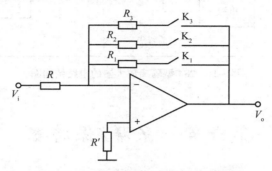

图 4-19　程控增益放大器的工作原理图

图 4-20 为利用 AD521 测量放大器与模拟开关结合组成的程控增益放大器，通过改变其外接电阻 R_G 的办法来实现增益控制。

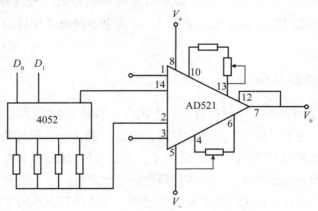

图 4-20　AD521 测量放大器与模拟开关构成的程控增益放大器

三、隔离放大器

在有强电或强电磁干扰的环境中，为了防止电网电压等对测量回路的损坏，其信号输入通道采用隔离技术，能完成这种任务，具有这种功能的放大器称为隔离放大器。284 型隔离放大器的电路结构如图 4-21 所示。

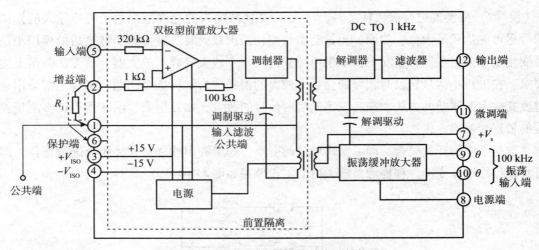

图 4-21　284 型隔离放大器的电路结构图

第六节　采样/保持器

采样/保持器（采样/保持电路）在 A/D 转换之前，是为进行 A/D 转换期间，保持输入信号不变而设置的。对于模拟输入信号变化率较大的信号通道，一般都需要；对于直流或者低频信号通道则可不用。采样/保持器对系统精度起着决定性的作用，要求采样时，存储电容尽快充电，以跟随参量变化；保持时，存储电容漏电必须接近于零，以便使输出值保持不变。

一、采样/保持器原理

采样/保持器由存储电容 C，模拟开关 S 等组成，如图 4-22 所示。当 S 接通时，输出信号跟踪输入信号，称采样阶段；当 S 断开时，电容 C 两端一直保持断开的电压，称保持阶段。由此构成一个简单采样/保持器。实际上，为使采样/保持器具有足够的精度，一般在输入级和输出级均采用缓冲器，以减少信号源的输出阻抗，增加负载的输入阻抗。在电容选择时，使其大小适宜，以保证其时间常数适中，并选用漏泄小的电容。

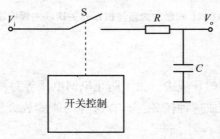

图 4-22　采样/保持器的工作原理图

二、集成采样/保持器

随着大规模集成电路技术的发展，目前已生产出多种集成采样/保持器，如用于一般目的的 AD582、AD583、LF198、LF398 系列等；用于高速场合的 HTS-0025、HTS-0010、HTC-0300 等；用于高分辨率场合的 SHA1144 等。为了使用方便，有些采样/保持器的内部还设有保持电容，如 AD389、AD585 等。

集成采样/保持器的特点是：

1）采样速度快、精度高，一般采样时间为 2～2.5 μs，即达到±0.01%～±0.003% 精度；

2）下降速度慢，如 AD585，AD348 下降速率为 0.5 V/s，AD389 下降速度为 0.1 mV/s。

下面介绍集成采样/保持器 LF398。

图 4-22 为 LF398 的工作原理图，从图可知，其内部由输入缓冲级、输出驱动级和控制电路 3 部分组成。

控制电路中 A_3 主要起到比较器的作用；其中引脚 7 为参考电压，当输入控制逻辑电平高于参考端电压时，A_3 输出一个低电平信号驱动开关 K 闭合，此时输入经 A_1 后跟随输出到 A_2 再由 A_2 的输出端跟随输出，同时向保持电容（接 6 端）充电；而当控制端逻辑电平低于参考电压时，A_3 输出一个正电平信号使开关断开，以达到非采样时间内保持器仍保持原来输入的目的。因此，A_1、A_2 是跟随器，其作用主要是对保持电容输入和输出端进行阻抗变换，以提高采样/保持器的性能。

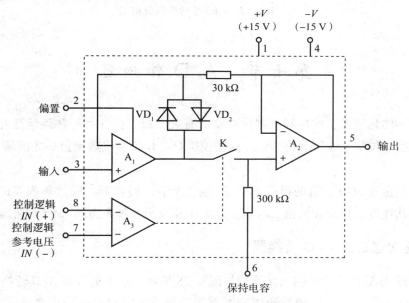

图 4-23　LF398 的工作原理图

图 4-24 为 LF398 的外引脚，图 4-25 为 LF398 典型应用。在有些情况下，还可采取二级采样/保持串联的方法，根据需要选用不同的保持电容，使前一级具有较高的采样速度

而后一级保持电压下降速度慢。二级结合构成一个采样速度快而下降速度慢的高精度采样/保持器，此时的采样总时间为两个采样/保持器时间之和。

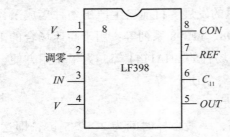

图 4-24　LF398 的外引脚

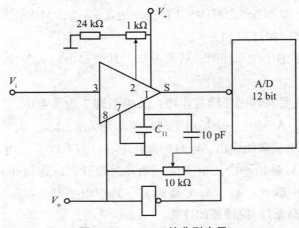

图 4-25　LF398 的典型应用

第七节　A/D 转换器

在机电一体化领域，被控制或测量对象的有关参量，往往是一些连续变化的模拟量，如压力、温度、位移、速度等物理量，这些模拟量必须转换成数字量后才能输出到计算机进行处理。

实现模拟量变成数字量的设备称为模/数（A/D）转换器。模数转换器的种类很多，选择时主要从速度、精度和价格上考虑。这里主要介绍一种典型的 A/D 转换器及应用。

一、逐次逼近式 A/D 转换器

逐次逼近式 A/D 转换器的工作原理如图 4-26 所示。逐次逼近式 A/D 转换器由逐次逼近寄存器、D/A 转换器、比较器和缓冲寄存器等组成。当启动信号由高电平变为低电平时，逐次逼近寄存器清零，这时，D/A 转换器输出电压 U_o 也为 0。当启动信号变为高电平时转换开始，同时，逐次逼近寄存器进行计数。

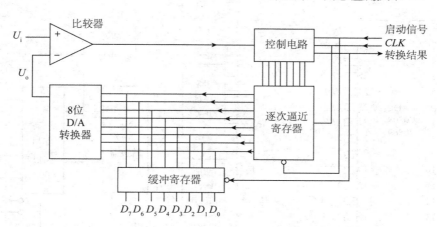

图 4-26　A/D 转换器的工作原理图

在第一个时钟脉冲到来时，控制电路把最高位送到逐次逼近寄存器，使它的输出变为 10 000 000，这个输出数字一出现，D/A 转换器的输出电压 U_o 就成为满量程值的 128/255。这时，若 $U_o > U_i$，则作为比较器的运算放大器的输出就成为低电平，控制电路据此清除逐次逼近寄存器中的最高位；若 $U_o \leqslant U_i$，则比较器输出高电平，控制电路使最高位的"1"保留下来。若最高位被保留下来，则逐次逼近寄存器的内容为 10 000 000，下一个时钟脉冲使次低位 D_6 为"1"。于是，逐次逼近寄存器的值为 11 000 000，D/A 转换器的输出电压 U_o 到达满量程值的 192/255。此后，若 $U_o > U_i$，则比较器输出为低电平，从而使次高位复位；若 $U_o \leqslant U_i$，则比较器输出为高电平，从而保留次高位为"1"，…。重复上述过程，经过 N 次比较以后，逐次逼近寄存器中得到的值就是转换后的数值。

二、常用 A/D 转换器 ADC0808/0809

（1）ADC0808/0809 的外引脚功能

ADC0808/0809 的外引脚功能如下。

$IN_0 \sim IN_7$——8 个模拟量输入端。

START——启动 A/D 转换器，当 *START* 为高电平时，开始 A/D 转换。

EOC——转换结束信号。当 A/D 转换完毕之后，发出一个正脉冲，表示 A/D 转换结束。

OE——输出允许信号。如果此信号被选中，则允许从 A/D 转换器的锁存器中读取数字量。

CLK——时钟信号。

ALE——地址锁存允许，高电平有效。当 *ALE* 为高电平时，允许 C、B、A 所示的通道被选中，并将该通道的模拟量接入 A/D 转换器。

ADD A、*ADD B*、*ADD C*——通道号地址选择端。

$D_7 \sim D_0$——数字量输出端。

V_{REF}（+）、V_{REF}（−）——参考电压输入端，分别接+、−极性的参考电压，用来提供 D/A 转换器内权电阻的标准参考电平。

ADC0808/0809 的结构如图 4-27 所示。

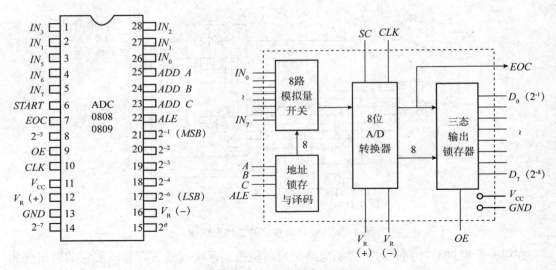

图 4-27 ADC0808/0809 的结构

（2）ADC0808/0809 和计算机的接口电路

若指定 8 路传感器信号输入端口地址为 78 H ~ 7 FH，转换结束信号以中断方式与 CPU 联络，采用 74LS138 作输入通道地址译码器，那么 ADC0808/0809 和 CPU 的连接电路如图 4-28 所示。

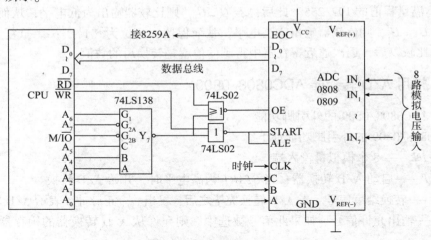

图 4-28 ADC0808/0809 和 CPU 的连接电路

由于 ADC0808/0809 的数据输出带三态输出门，故可直接接到 CPU 数据总线上。按图 4-28 所示的方式连接电路，74LS138 的 $\overline{Y}_7$ 译出的地址范围正好是 78H ~ 7FH。低 3 位地址线 $A_0 \sim A_2$ 分别直接接到 ADC0808/0809 的采样地址输入端 A、B、C 上，用于选通 8 路输入通路中的其中一路。那么，用一条输出指令即可启动某一通路开始转换（使 ADC0808/0809 的 START 端和 ALE 端得到一个启动正脉冲信号）。

具体转换程序如下：

```
MOV  AL, 00H; 可以是不为 00H 的其他数字
OUT  78H, AL; 选通 IN0 通路并开始转换
```

...

MOV AL，00H；

OUT 7FH，AL；选通 IN_7 通路并开始转换

...

转换结束后，ADC0808/0809 从 EOC 端发出一个正脉冲信号，通过中断控制器 8259A 向 CPU 发出中断请求，CPU 响应中断后，转去执行中断服务程序。在中断服务程序中，执行一条输入指令，即可读取转换后的数据。如执行"IN AL，78H"指令，即可将以启动转换的 IN_0 通路的转换数据读入 AL 中。因为执行这条指令时，使片选信号 Y_7 和读信号 RD 同时出现有效低电平，ADC0808/0809 的输出允许信号 OE 端出现一开门正脉冲，使输出三态门开启，CPU 可读取转换后的数据。

图 4-29 所示为 ADC0808/0809 通过并行接口 8255A 与计算机的连接电路。

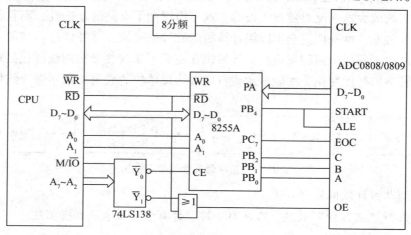

图 4-29 ADC0808/0809 通过并行接口 8255A 与计算机的连接电路

若从输入通道 IN_0（A、B、C 为 0、0、0）读入一个模拟量，经 ADC0808/0809 转换后送入 CPU，8255A 端口地址为 80H ~ 83H，ADC0808/0809 端口地址为 84H ~ 87H，有关程序如下：

MOV AL，98H；8255A 初始化，方式 0，PA 口输入，PB 口输入，PC 高位输入

OUT 83H，AL；

MOV AL，00H

OUT 81H，AL；选择通道 000

ADD AL，10H

OUT 81H，AL；PB_4 =1 启动 ADC 转换

SUB AL，10H

LOOP： IN AL，82H；从 C 口的 PC_7 检查 EOC

TEST AL，80H；检测 PC_7

JZ LOOP； PC_7 =0 即 EOC =1，转换未结束，继续查询

IN AL，84H；OE 有效

IN　AL, 80H；由 A 口读入数据

HLT；暂停

第八节　传感器非线性补偿原理

在机电一体化测控系统中，特别是需对被测参量进行显示时，总是希望传感器及检测电路的输出和输入特性呈线性关系，使测量对象在整个刻度范围内灵敏度一致，以便于读数及对系统进行分析处理。但是，很多检测元件如热敏电阻、光敏管、应变片等具有不同程度的非线性特性，这使较大范围的动态检测存在着很大误差。以往，在使用模拟电路组成检测回路时，为了进行非线性补偿，通常用硬件电路组成各种补偿回路，如常用的信息反馈式补偿回路使用对数放大器、反对数放大器等，这不但增加了电路的复杂性，而且很难达到理想的补偿。这种非线性补偿完全可以用计算机的软件来完成，其补偿过程较简单，精确度也很高，又减少了硬件电路的复杂性。计算机在完成了非线性参数的线性化处理以后，要进行工程量转换即标度变换，才能显示或打印带物理单位的数值。数字量非线性校正框图如图 4-30。

图 4-30　数字量非线性校正框图

下面介绍非线性软件处理方法。

用软件进行"线性化"处理，方法有 3 种：计算法、查表法和插值法。

1. 计算法

当输出电信号与传感器的参数之间有确定的数字表达式时，就可采用计算法进行非线性补偿，即在软件中编制一段完成数字表达式计算的程序，被测参数经过采样、滤波和标度变换后直接进入计算机程序进行计算，计算后的数值即为经过线性化处理的输出参数。

在实际工程上，被测参数和输出电压常常是一组测定的数据。这时，如仍想采用计算法进行线性化处理，则可应用曲线拟合的方法对被测参数和输出电压进行拟合，得出误差最小的近似表达式。

2. 查表法

在机电一体化测控系统中，有些参数的计算是非常复杂的，如一些非线性参数，不是用一般算术运算就可以算出来的，而需要涉及指数、对数、三角函数，以及积分、微分等运算，所有这些运算用汇编语言编写程序都比较复杂，有些甚至无法建立相应的数学模型。为了解决这些问题，可以采用查表法。

所谓查表法，是把事先计算或测得的数据按一定顺序编制成表格。查表程序的任务就是根据被测参数的值或者中间结果，查出所需要的最终结果。查表法是一种非数值计算方法，利用这种方法可以完成数据补偿、计算、转换等各种工作，具有编写程序简单、执行

速度快等优点。

表的排列不同，查表的方法也不同。常用的查表方法有顺序查表法、计算查表法、对分搜索法等。下面介绍顺序查表法。顺序查表法是针对无序排列表格（无序表格）的一种方法。因为在无序排列表格中，所有各项的排列均无一定的规律，所以只能按照顺序从第一项开始逐项寻找，直到找到所要查找的关键字为止。如在以 DATA 为首地址的存储单元中，有一长度为 100 个字节的无序排列表格，设要查找的关键字放在 HWORD 单元，试用软件进行查找，若找到，则将关键字所在的内存单元地址存于 R_2、R_3 寄存器中，如未找到，则将 R_2、R_3 寄存器清零。由于待查找的是无序排列表格，所以只能按单元逐个搜索，根据题意可画出子程序流程图，如图 4-31 所示。

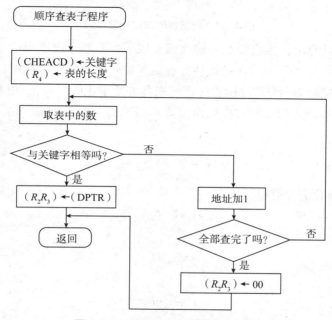

图 4-31 顺序查表法子程序流程图

顺序查表法虽然比较"笨"，但对于无序排列表格和较短的表格而言，仍是一种比较常用的方法。

3. 插值法

查表法占用的内存单元较多，表格的编制比较麻烦，所以在机电一体化测控系统中常利用计算机的运算能力，使用插值法来减少列表点和测量次数。

（1）插值原理

设某传感器的输出特性曲线（电阻-温度特性曲线）如图 4-32 所示。

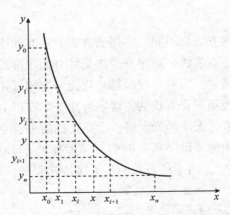

图 4-32 传感器的输出特性曲线

由图 4-32 可以看出，当已知某一输入值 x 以后，要想求出输出值 y 并非易事，因为其函数关系式 $y=f(x)$ 并不是简单的线性方程。为使问题简化，可以把该曲线按一定要求分成若干段，然后把相邻两分段点用直线连起来（如图中虚线所示），用此直线代替相应的各段曲线，即可求出输入值 x 所对应的输出值 y。例如，设 $x \in (x_i, x_{i+1})$，则对应的逼近值为

$$y=y_i+\frac{y_{i+1}-y_i}{x_{i+1}-x_i}\ (x-x_i) \tag{4-27}$$

将式（4-27）进行化简，可得

$$y=y_i+k_i\ (x-x_i) \tag{4-28}$$

和

$$y=y_{i0}+k_ix \tag{4-29}$$

其中

$$y_{i0}=y_i-k_ix_i$$

$k_i=\dfrac{y_{i+1}-y_i}{x_{i+1}-x_i}$ 为第 i 段直线的斜率。

式（4-28）是点斜式直线方程，而式（4-29）为截距式直线方程。两式中，只要 n 取得足够大，即可获得良好的精度。

（2）插值的计算机实现

下边以点斜式直线方程（4-28）为例，介绍用计算机实现线性插值的方法。

第一步，用实验法测出传感器的变化曲线 $y=f(x)$。为准确起见，要多测几次求出一个比较精确的输入/输出曲线。

第二步，将上述曲线进行分段，选取各插值基点。为了使基点的选取更合理，不同的曲线采用不同的方法分段。主要有以下两种方法。

1）等距分段法。等距分段法即沿 x 轴等距离地选取插值基点。这种方法的主要优点是使式（4-27）中的 $x_{i+1}-x_i=$ 常数，从而使计算变得简单。但是函数的曲率和斜率变化比较大时，会产生一定的误差；要想减少误差，必须把基点分得很细，这样势必占用较多的内存，并使计算机所占用的机时加长。

2）非等距分段法。这种方法的特点是函数基点的分段不是等距的，通常将常用刻度范围插值距离划分小一点，而使非常用刻度区域的插值距离大一点，但非等值插值点的选取比较麻烦。

第三步，确定并计算出各插值点 x_i、y_i 值及两相邻插值点间的拟合直线斜率 k_i，并存放在存储器中。

第四步，计算 $x-x_i$。

第五步，找出 x 所在的区域 (x_i, x_{i+1})，并取出该段的斜率 k_i。

第六步，计算 $k_i(x-x_i)$。

第七步，计算结果 $y=y_i+k_i(x-x_i)$。

对于非线性参数的处理，除了前边讲过的查表法和插值法以外，还有许多其他方法，如最小二乘拟合法、函数逼近法、数值积分法等。对于机电一体化测控系统来说，具体采用哪种方法来进行非线性计算机处理，应根据实际情况和具体被测对象要求而定。

第九节 数字滤波

在机电一体化测控系统的输入信号中，一般都含各种噪声和干扰，它们主要来自被测信号本身、传感器或者外界的干扰。为了提高信号的可靠性，减小虚假信息的影响，可采用软件方法实现数字滤波。数字滤波就是通过一定的计算或判断来提高信噪比，它与硬件 RC 滤波器相比具有以下优点。

1）数字滤波是用程序实现的，不需要增加任何硬件设备，也不存在阻抗匹配问题，滤波程序可以多个通道共用，不但节约投资，还可提高可靠性、稳定性。

2）可以对频率很低的信号实现滤波，而模拟 RC 滤波器由于受电容量的限制，滤波频率不可能太低。

3）灵活性好，可以用不同的滤波程序实现不同的滤波方法，或根据需要改变滤波器的参数。

正因为用软件实现数字滤波具有上述优点，所以其在机电一体化测控系统中得到了越来越广泛的应用。

数字滤波的方法有很多种，可以根据不同的测量参数进行选择。下面介绍几种常用的数字滤波方法及程序。

1. 算术平均值法

算术平均值法是寻找一个 y 值，使该 y 值与各采样区间误差的平方和为最小，即

$$E = \min\left(\sum_{i=1}^{N} e_i^2\right) = \min\left[\sum_{i=1}^{N}(y-x_i)^2\right] \tag{4-30}$$

由 $\dfrac{dE}{dy}=0$，得算术平均值法的算式为

$$y = \frac{1}{N}\sum_{i=1}^{N}x_i \tag{4-31}$$

式中：x_i 为第 i 次采样值；y 为数字滤波的输出；N 为采样次数。

N 的选取应按具体情况决定。若 N 大，则平滑度高，灵敏度低，但计算量大。一般而言，对于流量信号，推荐取 $N=12$；压力信号取 $N=4$。算术平均值法的程序流程图如图 4-33 所示。

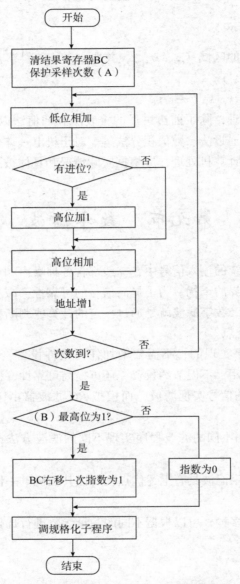

图 4-33　算术平均值法的程序流程图

2. 中值滤波法

中值滤波法是在 3 个采样周期内，连续采样读入 3 个检测信号 x_1、x_2、x_3，从中选择 1 个居中的数据作为有效信号，以算式表示为：若 $x_1 < x_2 < x_3$，则 x_2 为有效信号。

3 次采样输入中若有 1 次发生干扰，则不管这个干扰发生在什么位置，都将被剔除掉。

若发生的 2 次干扰是异向作用，则同样可以滤去；若发生的 2 次干扰是同向作用或 3 次都发生干扰，则中值滤波法无能为力。中值滤波法能有效地滤去由于偶然因素引起的波动或采样器不稳定造成的误码等引起的脉冲干扰。对缓慢变化的过程变量采用中值滤波法有效果。中值滤波法不宜用于快速变化的过程参数。中值滤波法的程序流程图如图 4-34 所示。

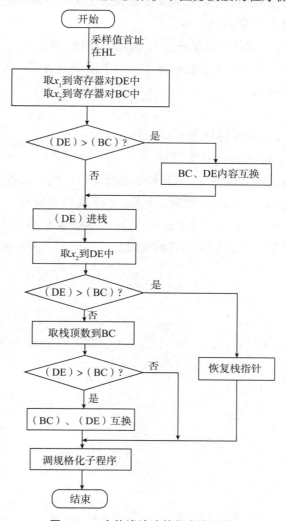

图 4-34　中值滤波法的程序流程图

3. 防脉冲干扰平均值法

将算术平均值法和中值滤波法结合起来，便可得到防脉冲干扰平均值法。它是先用中值滤波法原理滤除由于脉冲干扰引起误差的采样值，然后把剩下的采样值用算术平均值法计算。

若 $x_1 < x_2 < \cdots < x_N$，则

$$y = (x_2 + x_3 + \cdots + x_{N-1}) / (N-2) \tag{4-32}$$

式中：$3 < N < 14$。

可以看出，防脉冲干扰平均值法兼顾了算术平均值法和中位滤波法的优点，在快、慢速系统中都能削弱干扰，提高控制质量。当采样点数为 3 时，它是中值滤波法。

4. 程序判断滤波法

程序判断滤波法分为限幅滤波法和限速滤波法。

(1) 限幅滤波（上、下限滤波）法

若 $|x_k-x_{k-1}| \leqslant \Delta x_0$，则以本次采样值 x_k 为真实信号；若 $|x_k-x_{k-1}| > \Delta x_0$，则以上次采样值 x_{k-1} 为真实信号。其中，Δx_0 表示误差上、下限的允许值，Δx_0 的选择取决于采样周期 T 及信号 x 的动态响应。

(2) 限速滤波法

设采样时刻 t_1、t_2、t_3 的采样值为 x_1、x_2、x_3。

若 $|x_2-x_1| < \Delta x_0$，则取 x_2 为真实信号。

若 $|x_2-x_1| \geqslant \Delta x_0$，则先保留 x_2，再与 x_3 进行比较。此时，若 $|x_3-x_2| < \Delta x_0$，则取 x_2 为真实信号；若 $|x_3-x_2| \geqslant \Delta x_0$，则取 $(x_2+x_3)/2$ 为真实信号。

实际中，常取 $\Delta x_0 = (|x_1-x_2|+|x_2-x_3|)/2$ 为真实信号。

限速滤波法较为折中，既照顾了采样的实时性，也照顾了采样值变化的连续性。

第五章
伺服驱动技术

伺服驱动系统是指以机械位置、速度和加速度为控制对象，在控制命令的指挥下，控制执行元件工作，使机械运动部件按照控制命令的要求进行运动，并具有良好的动态性能。伺服驱动系统是机电一体化产品的一个重要组成部分，广泛应用于工业控制、军事、航空、航天等领域，如数控机床、工业机器人等。

第一节 伺服驱动系统中的执行元件

根据使用能量的不同，执行元件可以分为电气式执行元件、液压式执行元件和气压式执行元件等类型，如图5-1所示。电气式执行元件是将电能变成电磁力，并用该电磁力驱动执行机构运动。液压式执行元件是先将电能变换为液压能并用电磁阀改变压力油的流向，从而使液压动力元件驱动执行机构运动。气压式执行元件与液压式执行元件的原理相同，只是将介质由液体改为气体。其他执行元件与使用材料有关，如双金属片、形状记忆合金或压电元件。

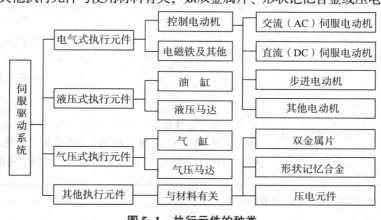

图5-1 执行元件的种类

1. 执行元件的分类

（1）电气式执行元件

电气式执行元件包括控制电动机（步进电动机、DC 和 AC 伺服电动机）、静电电动机、超声波电动机，以及电磁铁等。其中，利用电磁力的电动机和电磁铁，因其实用、易得而成为常用的执行元件。对控制电动机的性能除了要求稳速运转性能之外，还要求具有良好的加速、减速性能和伺服性能等动态性能，以及频繁使用时的适应性和便于维修性能。

控制电动机驱动系统一般由电源供给电力，经电力变换器变换后输送给电动机，使电动机作回转（或直线）运动，驱动负载运动，并在指令器给定的指令位置定位停止。

（2）液压式执行元件

液压式执行元件主要包括往复运动的油缸、回转油缸、液压马达等，其中油缸占绝大多数。目前，世界上已开发了各种数字式-液压式执行元件，如电-液式伺服马达和电-液式步进马达。这些电-液式马达的最大优点是比电动机的转矩大，可以直接驱动运行机构，转矩/惯量比大，过载能力强，适合于重载的加减速驱动。因此，电-液式马达在强力驱动和高精度定位时性能好，而且使用方便。对一般的电-液式执行元件，可采用电-液式伺服阀控制油缸的往复运动。比数字式执行元件便宜得多的是用电子控制电磁阀开关的开关式执行元件，其性能适当，而且对液压式执行元件起辅助作用。

（3）气压式执行元件

气压式执行元件除了用压缩空气作工作介质外，与液压式执行元件无太大区别。具有代表性的气压式执行元件有气缸、气压马达等。气压驱动虽可得到较大的驱动力、行程和速度，但由于空气黏性差，具有可压缩性，故不能在定位精度较高的场合使用。

上述几种执行元件的基本特点及优、缺点见表5-1。

表 5-1 几种执行元件的基本特点及优、缺点

种类	基本特点	优点	缺点
电气式执行元件	可使用商用电源；信号与动力的传送方向相同；有交流和直流之别，须注意电压之大小	操作简便，编程容易；能实现定位伺服；响应快、易与 CPU 相接；体积小，动力较大；无污染	瞬时输出功率大；过载差，特别是由于某种原因而卡住时，会引起烧毁事故；易受外部噪声影响
气压式执行元件	要求操作人员技术熟练；空气压力源的压力为 $(5 \sim 7) \times 10^5$ Pa	气源方便、成本低；无泄漏污染；速度快、操作比较简单	功率小，体积大，动作不够平稳，不易小型化；远距离传输困难；工作噪声大、难于伺服
液压式执行元件	要求操作人员技术熟练；液压源压力为 $(20 \sim 80) \times 10^5$ Pa	输出功率大，速度快，动作平稳，可实现定位伺服；易与 CPU 相接；响应快	设备难于小型化；液压源或液压油要求（杂质、温度、测量、质量）严格；易泄漏且有污染

2. 伺服驱动系统对执行元件的要求

由于执行元件是直接的被控对象，为了能按照控制命令的要求准确、迅速、精确、可靠地实现对控制对象的调整与控制，伺服驱动系统对执行元件提出如下要求。

1）体积小、输出功率大。机电一体化系统既要执行元件的体积小、质量轻，同时又要增大其输出功率，故通常用执行元件的单位质量所能达到的输出功率，即用功率密度来

评价这项指标。

2）高可靠性、高效率、动作的准确性高。

3）便于维修、安装。执行元件要便于维修，如近年来发展很快的无刷直流及交流伺服电动机可大大减少维修次数，提高寿命。

4）便于计算机控制。机电一体化系统正在适应数字控制技术的要求，向与微机控制相结合的智能化方向发展。便于计算机控制将会成为对执行元件的基本要求。

3. 机电一体化系统常用的控制电动机

电动机按不同的使用电源可分为交流电动机和直流电动机两大类；按控制方式不同又可以分为普通电动机和控制电动机。控制电动机是机电一体化系统中最关键的部件。

控制电动机与传统的直流或交流调速电动机相比，有很大的区别。控制电动机的调速范围宽，远大于传统的直流或交流调速电动机。控制电动机可以在很宽的速度和负载范围内受控完成连续而精确的运动变化，其响应特性是传统的直流或交流调速电动机很难达到的。因此，控制电动机在各种自动控制系统中得到日益广泛的应用。

控制电动机通过电压、电流、频率（包括指令脉冲）等控制，实现定速、变速驱动或者反复启/停，而驱动的精度随驱动对象的不同而不同，而且目标运动不同，电动机及其控制方式也不同。控制电动机主要包括步进电动机、直流伺服电动机、交流伺服电动机和直线电动机等。图5-2为控制电动机控制方式的基本形式，开环系统无检测装置，常用步进电动机驱动实现，每输入一个指令脉冲，步进电动机就旋转一定角度，它的旋转速度由指令脉冲频率控制，转角大小由脉冲个数决定。由于开环系统没有检测装置，误差无法测出和补偿，因此开环系统精度不高；闭环系统和半闭环系统有检测装置，闭环系统的检测装置装在移动部件上，可直接检测移动部件的位移，系统采用了反馈和误差补偿技术，因而可很精确地控制移动部件的移动距离；半闭环系统的检测装置装在伺服电动机上，在伺服电动机的尾部装有编码器或测速发电机，分别检测移动部件的位移和速度。由于传动件不可避免地存在受力变形和消除传动间隙等问题，因而半闭环系统控制精度不如闭环系统。

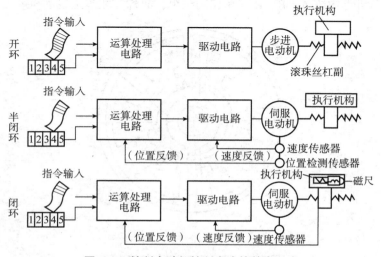

图5-2 控制电动机控制方式的基本形式

对控制电动机的基本要求有以下几个方面。

1）比功率大，即转动惯量小、动力大、体积小、质量轻。这些可用功率密度和比功率这两个性能指标来表示。

2）快速性好，即加速转矩大，频响特性好。

3）位置控制精度高、调速范围宽、低速运行平稳、无爬行现象、分辨率高、振动噪声小。

4）适应启/停频繁的工作要求。

5）可靠性高、寿命长。

在不同的应用场合，对控制电动机的性能和功率密度的要求有所不同。对于启停频率低（如每分钟几十次），但要求低速平稳和转矩波动小、高速运行时振动和噪声小、在整个调速范围内均可稳定运动的系统（如 NC 工作机械的进给运动、机器人的驱动系统），其功率密度是主要的性能指标；对于启停频率高（如每分钟数百次），但不特别要求低速平稳性的机电设备，如高速打印机、绘图机、打孔机、集成电路焊接装置等，高的比功率是主要的性能指标。在额定输出功率相同的条件下，无刷伺服电动机的比功率最高，按比功率由高到低，其排序依次为步进电动机、直流伺服电动机、交流伺服电动机。

第二节　步进电动机控制技术

一、步进电动机的结构

步进电动机与普通电动机一样，也是由定子和转子构成，其中定子又分为定子铁芯和定子绕组。定子铁芯由电工钢片叠压而成，定子绕组是绕置在定子铁芯6个均匀分布的齿上的线圈，在直径方向上相对的两个齿上的线圈串联在一起，构成一相控制绕组。图5-3所示的步进电动机可构成A、B、C三相控制绕组，故称三相步进电动机。

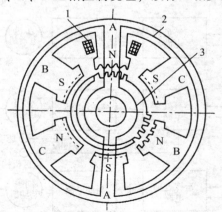

1—定子绕组；2—定子铁芯；3—转子。

图5-3　三相步进电动机的结构图

二、步进电动机的工作原理

步进电动机的工作原理实际上是电磁铁的作用原理。当 A 相定子绕组通电时，转子的齿与定子 AA 上的齿对齐。若 A 相断电，B 相通电，由于磁力的作用，转子的齿与定子 BB 上的齿对齐，转子沿顺时针方向转过，如果控制线路不停地按 A→B→C→A→…的顺序控制步进电动机定子绕组的通断电，步进电动机的转子便不停地逆时针转动，如图 5-4 所示。若通电顺序改为 A→C→B→A，→…，步进电动机的转子将顺时针转动 30°。这种通电方式称为三相三拍，而通常的通电方式为三相六拍，其通电顺序为 A→AB→B→BC→C→CA→A→…及 A→AC→C→CB→B→BA→A→…，相应地，定子绕组的通电状态每改变一次，转子转过 15°。

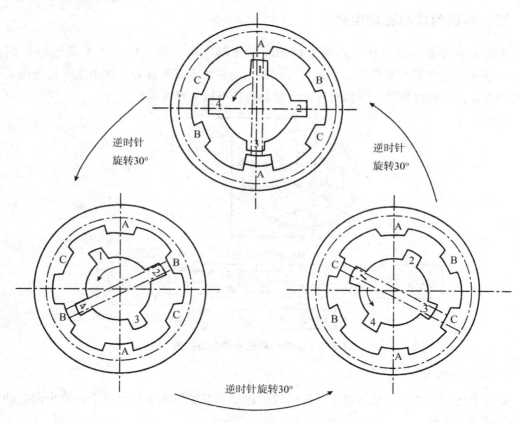

图 5-4 三相步进电动机的工作原理图

三、步进电动机的特点

步进电动机的特点为：

1）步进电动机定子绕组的通电状态每改变一次，它的转子便转过一个确定的角度，即步距角；

2）改变步进电动机定子绕组的通电顺序，转子的旋转方向随之改变；

3）步进电动机定子绕组通电状态的改变速度越快，其转子旋转的速度越快，即通电状态的变化频率越高，转子的转速越高；

（4）步进电动机步距角与定子绕组的相数 m、转子的齿数 z、通电方式 k 有关，可用下式表示，即

$$\alpha = \frac{360°}{mzk} \tag{5-1}$$

式中：m 相 m 拍时，$k=1$；m 相 $2m$ 拍时，$k=2$。

对于图 5-4 所示的三相步进电动机，当它以三相三拍通电方式工作时，其步距角为 $\alpha = \dfrac{360°}{3 \times 4 \times 1} = 30°$；若按三相六拍通电方式工作，则步距角为 $\alpha = \dfrac{360°}{3 \times 4 \times 2} = 15°$。

四、步进电动机驱动电路

步进电动机要正常工作，必须配以相应的驱动电路，步进电动机驱动电路框图如图 5-5 所示，它包括变频信号源、脉冲分配器、功率放大器等部分。其中变频信号源是一个连续可变信号的发生器。下面对脉冲分配器和功率放大器作简要说明。

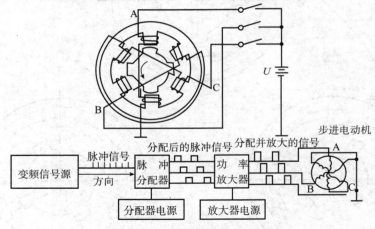

图 5-5　步进电动机驱动电路框图

1. 脉冲分配器

脉冲分配器的作用是把脉冲信号按一定的逻辑关系加到功率放大器上，使步进电动机按一定的方式工作。

脉冲分配器有多种实现方案：用普通集成电路实现；用专用集成电路实现；用微机实现。

专用集成电路有多种类型，如 CH250、PMM8713 等。采用专用集成电路有利于降低系统成本和提高系统的可靠性，而且使用维护方便。图 5-6 为三相步进电动机脉冲分配器专用集成电路 CH250 管脚图及三相六拍接线图。其中，A、B、C 为 3 个输出端，外接功率放大器后再驱动步进电动机。CH250 可输出双三拍、三相六拍脉冲信号，由复位端 R、

R^* 选择，正向脉冲为复位信号。正反转由相应的 J_{3R}、J_{3L}、J_{6R}、J_{6L} 端选择，高电平为选中信号。CL、EN 端都可以输入时钟脉冲信号，当 EN 端为高电平时，CL 端输入的时钟脉冲上升沿起作用；当 CL 端为低电平时，从 EN 端输入的时钟脉冲下降沿起作用。CH250工作状态表如表5-2所示。

表5-2　CH250工作状态表

R_1	R_2	CL	EN	J_{3R}	J_{3L}	J_{6R}	J_{6L}	功能	
0	0	↑	1	1	0	0	0	双三拍	正转
		↑	1	0	1	0	0		反转
		↑	1	0	0	1	0	六拍（1-2相）	正转
		↑	1	0	0	0	1		反转
		0	↓	1	0	0	0	双三拍	正转
		0	↓	0	1	0	0		反转
		0	↓	0	0	1	0	六拍（1-2相）	正转
		0	↓	0	0	0	1		反转
		↓	1	×	×	×	×	不变	
		×	0	×	×	×	×		
		1	×	×	×	×	×		
1	0	×	×	×	×	×	×	$A=1$、$B=1$、$C=0$	
0	1	×	×	×	×	×	×	$A=1$、$B=0$、$C=0$	

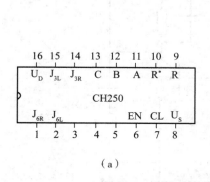

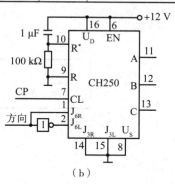

（a）　　　　　　　　　　（b）

图5-6　CH250管脚图及三相六拍接线图

（a）管脚图；（b）三相六拍接线图

图5-7是采用脉冲分配器专用集成电路 PMM8713 的应用实例，设定为双四拍工作方式。电动机的转速由端子 C_K 的脉冲输入频率决定，正、反转切换是由 U/D 端子取 "1" 还是取 "0" 来决定的（电动机的正、反转也可以采用脉冲控制的方法通过 C_U 和 C_D 端子来进行。C_U 端输入的脉冲使电动机正转，C_D 端输入的脉冲使电动机反转，此时 C_K 和 U/D 端同时接地）。ϕ_C 端为切换电动机相数用的控制端，三相步进电动机时 $\phi_C=$ "0"，四相步进电动机时 $\phi_C=$ "1"。$\phi_1 \sim \phi_4$ 为脉冲输出端，用于连接驱动电路。E_A、E_B 为励磁方式

选择端，1~2 相励磁时，$E_A = E_B =$ "1"；2 相励磁时，$E_A = E_B =$ "0"；一相励磁时，其中一端为"1"，一端为"0"；$\overline{R}$ 为复位端，$\overline{R} =$ "0" 时，$\phi_1 \sim \phi_4$ 均为"1"状态，此时步进电动机锁住不动。

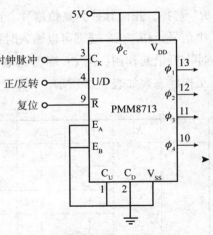

图 5-7　PMM8713 的应用实例

2. 功率放大电路

从计算机输出端口或从脉冲分配器输出的信号脉冲电流一般只有几毫安，不能直接驱动步进电动机，必须采用功率放大电路将脉冲电流进行放大，使其增加到几安甚至十几安，从而驱动步进电动机运转。

功率放大电路的结构形式对步进电动机的工作性能有十分重要的作用，常用的功率放大电路有单电压、双电压（高低电压）、斩波型（斩波恒流）、调频调压型和细分型等。

（1）单电压功率放大电路

图 5-8 为单电压功率放大电路，其是步进电动机控制中最简单的一种驱动电路，在本质上它是一个简单的功率反相器。晶体管 VT 用作功率开关，L 是步进电动机中的一组绕组电感；R_c 是外接电阻；VD 是续流二极管。

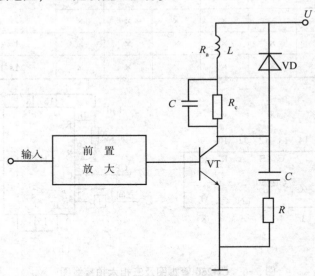

图 5-8　单电压功率放大电路

工作时，晶体管 VT 基极输入的脉冲信号必须足够大，使其在高电平时保证 VT 过饱和，在低电平时 VT 充分截止。外接电阻 R_c 是一个限流电阻，也是为改善回路时间常数的元件（由于回路时间常数 $T = L/(R_a + R_c)$，绕组内阻 R_a 和电感 L 是固定的，所以改变 R_c 可以改变步进电动机的频率响应）。

单电压功率放大电路的优点是电路结构简单，不足之处是外接电阻 R_c 是一个能耗元件，在驱动电流作用下消耗能量大，电流脉冲前后沿不够陡，在改善了高频性能后，低频工作时会使振荡有所增加，使低频特性变坏。因此，这种电路一般只用于小功率步进电动机的驱动。

（2）高低电压功率放大电路

如图 5-9 所示，在高低电压功率放大电路中电源 U_1 为高电压电源，电压为 80～150 V；U_2 为低电压电源，电压为 5～20 V。在绕组指令脉冲到来时，脉冲的上升沿同时使 VT_1 和 VT_2 导通。由于二极管 VD_1 的作用，使绕组只加上高电压 U_1，绕组的电流很快达到规定值。到达规定值后，VT_1 的输入脉冲先变成下降沿，使 VT_1 截止，电动机由低电压电源 U_2 供电，维持规定电流值，直到 VT_2 输入脉冲下降沿到来，VT_2 截止。

高低电压功率放大电路不足之处是在高低压衔接处的电流波形在顶部有下凹，影响电动机运行的平稳性。

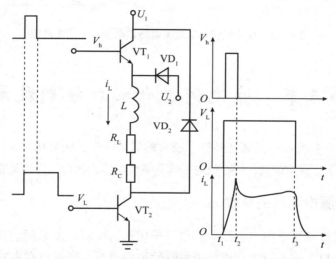

图 5-9 高低电压功率放大电路和电压、电流波形图

（3）斩波恒流功率放大电路

如图 5-10 所示，斩波恒流功率放大电路的特点是工作时 V_{in} 端输入方波步进信号：当 V_{in} 为 "0" 电平时，由与门 A_2 输出 V_b 为 "0" 电平，功率管（达林顿管）VT 截止，绕组 W 上无电流通过，采样电阻上 R_3 上无反馈电压，A_1 放大器输出高电平；而当 V_{in} 为高电平时，由与门 A_2 输出的 V_b 也是高电平，功率管 VT 导通，绕组 W 上有电流，采样电阻上 R_3 上出现反馈电压 V_f，由分压电阻 R_1、R_2 得到设定电压与反馈电压相减，来决定 A_1 输出电平的高低，从而决定 V_{in} 信号能否通过与门 A_2。若 $V_{ref} > V_f$ 时 V_{in} 信号通过与门形成 V_b 正脉冲，打开功率管 VT；反之，$V_{ref} < V_f$ 时 V_{in} 信号被截止，无 V_b 正脉冲，功率管 VT 截止。这样在一个 V_{in} 脉冲内，功率管 VT 会多次通断，使绕组电流在设定值上下波动。

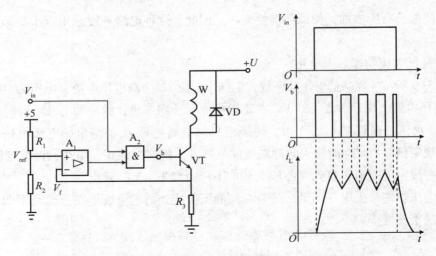

图 5-10　斩波恒流功率放大电路和电压、电流波形图

第三节　直流伺服电动机控制技术

直流伺服电动机具有良好的调速特性、较大的启动转矩、相对功率大，及快速响应等优点。尽管其结构复杂，成本较高，但在机电一体化系统中作为执行元件还是获得了广泛的应用。

一、直流伺服电动机的特性

直流伺服电动机既可采用电枢控制，也可采用磁场控制，多采用前者。这里以电枢控制的直流伺服电动机为例，对电动机的机械特性加以说明。当电枢在电磁转矩的作用下转动时，电枢导体切割磁力线，产生感应电动势。感应电动势的方向与电流方向相反，是一种反电势，一般用 E_a 表示，即

$$E_a = C_e \Phi n \tag{5-2}$$

式中：n 为电枢转速；Φ 为每极总磁通；C_e 为电势常数。

由此可以画出电枢控制直流伺服电动机的等效电路，如图 5-11 所示。

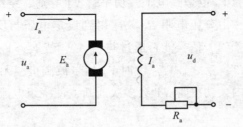

图 5-11　电枢控制直流伺服电动机的等效电路

根据回路定律列出回路方程，即

$$I_a R_a - u_a = E_a \tag{5-3}$$

移项后得

$$u_a = E_a + I_a R_a \tag{5-4}$$

$$I_a = \frac{u_a - E_a}{R_a} = \frac{u_a - C_e \Phi n}{R_a} \tag{5-5}$$

上式说明电枢电流与转速有关，在其他条件不变的情况下，转速越高，则电枢电流越小。

可得出直流伺服电动机的转速方程为

$$n = \frac{u_a}{C_e \Phi} - \frac{I_a R_a}{C_e \Phi} \tag{5-6}$$

二、直流伺服电动机的驱动与控制

一个驱动系统性能的好坏，不仅取决于电动机本身的特性，而且还取决于驱动电路的性能以及两者之间的相互配合。直流伺服电动机对驱动电路一般要求频带宽、效率高、能量能回收等。目前常用晶体管驱动电路和晶闸管直流调速驱动电路，广泛采用的直流伺服电动机的晶体管驱动电路有线性直流伺服放大器和脉宽调制（PWM）放大器。一般，宽频带低功率系统选用线性直流伺服放大器（小于几百瓦），而脉宽调制放大器常用在较大的系统中，尤其是那些要求在低速和大转矩下连续运行的场合。

1. 晶闸管直流调速驱动电路

从直流伺服电动机的原理可知，控制电动机绕组电压，即可实现电动机转速的控制。而对直流伺服电动机驱动电压的控制，可以通过调节触发控制角来实现，一般可用专门的触发电路来实现控制。

图 5-12 中 u_k 是调速的控制电压，通过触发电路来实现相应的触发控制角，由整流电路输出与直流伺服电动机所需转速相对应的绕组电压作为与直流伺服电动机各个转速对应的电压给定值。

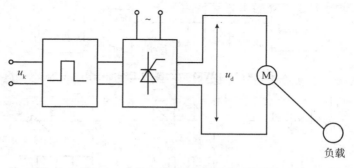

图 5-12　晶闸管直流调速驱动电路

转速负反馈自动调速系统如图 5-13 所示，图中 G 为测速发电机，其输出电压 u_G 反映了直流伺服电动机的转速。给定电位器（即电阻）R_g，给出的控制电压与 u_G 比较后加到放大器的输入端，最后经放大器将信号加到触发器上。触发器产生脉冲，触发晶闸管控制。

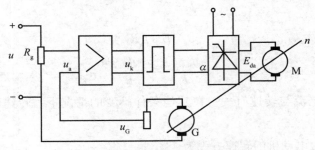

图 5-13　转速负反馈自动调速系统

晶闸管整流电路输出一直流电压 E_{da}，加在直流伺服电动机 M 电枢两端，使电动机以一定的转速转动。

其调速过程可示意为

$$负载 \uparrow \to n \downarrow \to u_G \downarrow \to \Delta u \uparrow \to u_k \uparrow \to \alpha \downarrow \to E_{da} \uparrow \to n \uparrow$$

当负载下降时，其调速过程相似，各变量的变化相反。这样便实现了转速负反馈调速，在这里，被控制量也参加了控制作用，构成了一个闭环控制系统。

2. 脉宽调制（PWM）放大器

PWM 放大器的优点是功率管工作在开关状态，管耗小。它的基本原理是：利用大功率晶体管的开关作用，将直流电源电压转换成一定频率（例如 2 000 Hz）的方波电压，加在直流伺服电动机的电枢上，通过对方波脉冲宽度的控制，改变电枢的平均电压，从而调节电动机的转速，如图 5-14 所示。锯齿波发生器的输出电压 V_A 和直流控制信号 V_{IN} 进行比较。同时，在比较器的输入端还加入一个调零电压 V_O，当控制电压 V_{IN} 为零时，调节 V_O 使比较器的输出电压为正、负脉冲宽度相等的方波信号，如图 5-15（a）所示。当控制信号 V_{IN} 为正或负时，比较器输入端处的锯齿波相应地上移或下移，比较器的输出脉冲也随着相应改变，实现了脉宽调制，如图 5-15（b）、（c）所示。

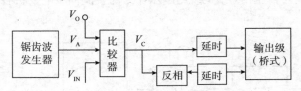

图 5-14　PWM 放大器的工作原理图

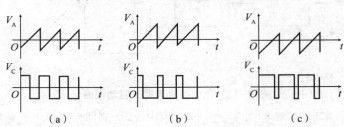

图 5-15　锯齿波脉冲调制器波形图

（a）控制电压为零；（b）控制电压为正；（c）控制电压为负

第四节 交流伺服电动机控制技术

与直流伺服电动机相比较，交流伺服电动机的特点是：它不需要电刷和换向器，因而避免了由于存在电刷和换向器而引起的一系列弊病。此外，它的转动惯量、体积和质量一般来说较小。但其也存在缺点，缺点是：输出功率和转矩较小；转矩特性和调节特性的线性度不及直流伺服电动机好；其效率也较直流伺服电动机低。

一、交流伺服电动机的种类和结构特点

1. 种类

交流伺服电动机分为两种：同步型电动机和感应型电动机。

（1）同步型（SM）电动机：采用永磁结构的同步电动机，又称无刷直流伺服电动机。其特点是：无接触换向部件；需要磁极位置检测器（如编码器）；具有直流伺服电动机的全部优点。

（2）感应型（IM）电动机：指笼型感应电动机。其特点是：对定子电流的激励分量和转矩分量分别进行控制；具有直流伺服电动机的全部优点。

2. 结构特点

交流伺服电动机采用了全封闭无刷结构，以适应实际生产环境，不需要定期检查和维修，其定子省去了铸件壳体，结构紧凑、外形小、质量轻（只有同类直流伺服电动机质量的75%～90%）。交流伺服电动机的定子铁芯较一般电动机开槽多且深，定子绕组围绕在定子铁芯上，绝缘可靠，磁场均匀。可对定子铁芯直接冷却，散热效果好，因而传给机械部分的热量小，提高了整个系统的可靠性。转子采用具有精密磁极形状的永久磁铁，因而可实现高转矩/惯量比，动态响应好，运行平稳。其转轴安装有高精度的脉冲编码器做检测元件。因此，交流伺服电动机以其高性能、大容量日益受到广泛的重视和应用。

二、交流伺服电动机调速控制

1. 交流伺服电动机的特性

由电动机学可知，交流伺服电动机的转速 n 与下列因素有关，即

$$n = \frac{60f}{p}(1-S) \tag{5-7}$$

式中：n——电动机转速（r/min）；

p——定子极对数；

f——供电电源的频率（Hz）；

S——转差率。

要改变交流电动机的转速，则可根据实际需要，采用改变电动机字子极对数 p、转差率 S 或电动机的供电电源频率 f 这 3 种方法。目前高性能的交流调速系统大都采用均匀改变频率 f 来平滑地改变电动机转速。为了保持在调速时电动机的最大转矩不变，需要维持磁通恒定，这就要求定子供电电压作相应调节。因此，对交流电动机供电的变频器一般都要求兼有调压、调频两种功能。近年来，由于晶闸管以及大功率晶体管等半导体电力开关的问世，它们具有接近理想开关的性能，促使变频器得到迅速发展。根据改变定子电压 U 及定子供电频率的不同比例关系，采用不同的变频调速方法，从而研制出各种类型的大容量、高性能变频器，使交流电动机调速系统在工业上得到推广应用。

2. 变频调速方法

实现变频调速的方法很多，可分为交—直—交变频、交—交变频、正弦脉宽调制（SPWM）变频等。其中每一种变频又有很多变换形式和接线方法。

（1）交—直—交变频调速系统

图 5-16 为交—直—交变频调速系统的主回路，它由整流器（顺变器）、中间滤波环节和逆变器 3 部分组成。图中整流器为晶闸管三相桥式电路，其作用是将定压定频交流电变换为可调直流电，然后经电容器或电抗器对整直后的电压或电流进行滤波，作为逆变器的直流供电电源。逆变器也是晶闸管三相桥式电路，但它的作用与整流器相反，它将直流电变换为可调频率的交流电，是交—直—交变频调速系统的主要组成部分。

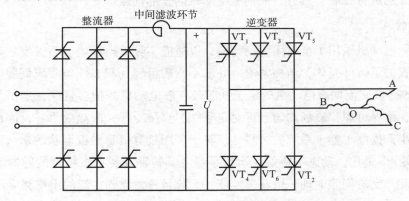

图 5-16　交—直—交变频调速系统

（2）交—交变频调速系统

交—交变频调速属直接变频，它把频率和电压都恒定的工频交流电，直接变换成电压和频率可控的交流电，供感应电动机激磁。交—交变频调速系统最常用的主电路是给电动机每一相都用了正、反组可控整流的可逆变流装置，并用所需的 $u_1/f_1 =$ 常数的正弦波模拟信号去控制正、反组的触发，即可得到频率和电压都符合变频要求的近似正弦输出。

（3）SPWM 变频调速系统

SPWM 变频调速系统是最近发展起来的，其触发电路输出是一系列频率可调的脉冲波，脉冲的幅值恒定而宽度可调，因而可以根据 u_1/f_1 的值在变频的同时改变电压，并可按一定规律调制脉冲宽度，如按正弦波规律调制，这就是 SPWM 变频调速系统。

SPWM 变频调速系统的工作原理可用图 5-17 和图 5-18 加以说明。若希望变频输出为图 5-17（a）所示的正弦波电压，则可以用 5-17（b）所示一系列幅值不变的矩形脉冲来等效，只要对应时间间隔内的矩形脉冲面积和正弦波与横轴包含的面积相等即可。可以理解，单位周期内的脉冲数越多，等效的精度越高，谐波分量也越小。

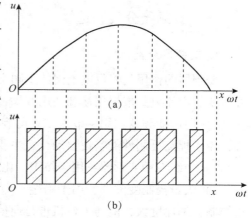

图 5-17　正弦波和矩形脉冲波

（a）正弦波；（b）矩形脉冲

与 PWM 放大器相似，SPWM 变频调速系统也分单极和双极两种工作方式。图 5-18 为单极性 SPWM 变频调速系统的波形图，其控制方法是将相同极性的正弦波基准信号 u_1 与等幅等矩的三角波 u_t 相比较，以其交点为相应变流器件换流的开关点，交点间隔即为被调制脉冲的宽度。可以看出，随着 u_1 幅值和频率的变化，调制的脉冲也会在宽度和频率上做相应的变化，保证了变频要求的 u_1/f_1 ＝常值。对负半周可通过反向器得到负的脉冲波。显然，必须使 $u_1<u_t$ 才能有正确的开关点。当正弦波每个周期内脉冲足够多时，相应区间内的脉冲面积与正弦波面积近似相等。由于这种脉冲每半个周期内只有一种极性，故称单极性。

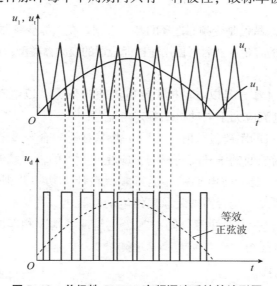

图 5-18　单极性 SPWM 变频调速系统的波形图

SPWM 变频调速系统的组成和线路比较复杂，读者可参阅有关专著。现在已有专用的 SPWM 集成组件供选用，如英国的 HEF4752KV，功能齐全，为工程人员提供了极大的方便。

三、变频器分类和选择

1. 变频器分类

变频器的作用是将供电电网的工频交流电变为适合于交流电动机调速的电压可变、频率可变的交流电。根据用途和使用效果，变频器分为以下几种。

1）通用变频器：用于节能，平均节电20%，主要用于压缩机、泵、搅拌机、挤压机等；用于提高控制性能实现自动化，主要用于运输机械、起重机等。

2）纺织专用变频器：用于纺织、化纤机械，能改善传动特性，实现自动化。

3）矢量控制变频器：用于冶金、印刷、造纸等机械，这类机械设备要求高精度的转矩控制，加速度大，能与上位机进行通信。矢量控制变频器能提高传动精度以及实现系统的集散控制。

4）机床专用变频器：用于机床主轴传动控制，以满足工艺上要求的大加减速转矩、宽广的恒功率控制及高精度的定位控制，提高机床自动化水平。

5）电梯专用矢量变换控制变频器：这类变频器可实现缓慢平稳的升降速。

6）高频变频器：用于超精密加工、高速电动机，如专用脉冲调幅型变频器，频率达3 kHz，对应转速 18×10^4 r/min。

2. 变频器选择

电动机的容量及负载特性是变频器选择的基本依据。在选择变频器前，首先分析控制对象的负载特性选择电动机的容量；然后根据用途选择合适的变频器类型；最后确定变频器容量。

注意以下几个方面。

1）选择变频器具体型号是以电动机额定电流值为依据，以电动机的额定功率为参考值。变频器最大输出电流应大于电动机的额定电流值。

2）变频器与电动机的距离过长时，为防止电缆对地耦合与变频器输出电流中谐波叠加，而造成的电动机端子处电压升高的影响，应在变频器的输出端安装输出电抗器。

3）变频器选择时，要考虑电动机的运行频率在什么功率范围内。若在低速范围内，应考虑电动机的温升情况，是否需加装风扇给电动机散热。

4）变频器选择时，一定要注意其防护等级应与现场情况相匹配，防止现场的粉末或水分影响变频器的长久运行。

3. 变频器的应用实例

恒压供水是指不论用户端水量大小，总保持管网水压基本恒定。这样，既可以满足各部位用户的用水需要，又不使电动机空转，造成电能的浪费。因此，由变频器得到的给定压力信号和实际反馈信号，利用变频器内部固有的功能进行比较计算，通过频率输出的变化调节水泵转速，从而控制管网中水压恒定。

变频器恒压供水系统如图 5-19 所示。

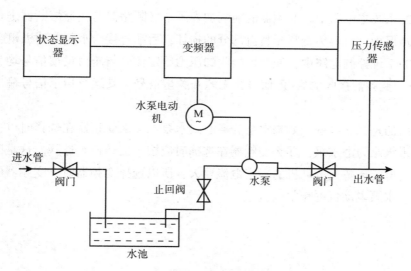

图 5-19 变频器恒压供水系统

此处的系统仅举出了一个简单例子，即一台变频器带动一台水泵运行；其中，主要构成为 ABB ACS600 系列变频器。由于 ABB 公司 ACS600 系列变频器均带有 PID 调节器，所以可以根据给定压力（设定压力）和压力传感器返回的实际压力信号的比较，实现 PID 调节（比例—积分—微分调节）。变频器根据用水量大小而引起的水压变化，相应地调节水泵电动机的转速来控制水压的恒定，另外，变频器可以输出相应的电流信号给状态显示器，从而直接显示出变频器的实际运行状态，同时变频器对水泵电动机具有过流、过压、欠压、过载等全部故障保护功能。变频器恒压供水系统的主电路如图 5-20 所示。

变频器的功能参数设定主要根据现场条件和厂家提供的用户手册进行设定，主要有：启动/停止参数、信号选择参数、PID 控制参数与加/减速时间等几组参数，其余均可遵照变频器出厂值。

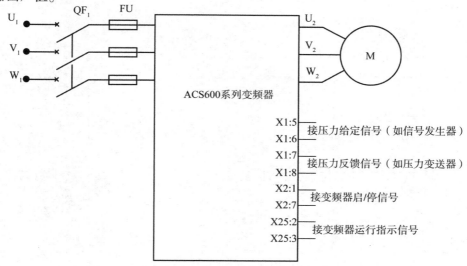

图 5-20 变频器恒压供水系统的主电路

在此处的系统主电路中，变频器的前端加入了空气断路器与快速熔断器进行前端过电流保护与短路保护，以避免变频器整流部分的损坏；后端直接与水泵电动机相连。

在此处的系统控制电路中，变频器接收的压力给定信号与压力反馈信号均为电流信号（4～20 mA），变频器接收的启/停信号为无源开关量信号，其运行指示信号输出也为无源开关量信号。

需要指出的是，在系统中如果水泵为离心式水泵，那么变频器在选择时可按照平方转矩选择；如果水泵为潜水泵，那么变频器在选择时应按照恒转矩来选择。这是因为潜水泵电动机的额定电流比普通电动机的额定电流要大，所以选择变频器时，变频器的连续输出电流要大于潜水泵电动机的额定电流。

第六章

计算机控制技术

工业控制计算机系统是机电一体化系统的中枢，其主要作用是按编制好的程序完成系统信息采集、加工处理、分析和判断、作出相应的调节和控制决策，发出数字形式或模拟形式的控制信号，控制执行机构的动作，实现机电一体化系统的功能。在机电一体化系统中单机控制是一种最基本和最常见的计算机控制的应用形式，本章以计算机控制的单机系统为主要研究内容，重点介绍工业控制计算机系统的概述、单片机控制接口技术、可编程序控制器（PLC）等。

第一节　概　述

一、工业控制计算机系统组成

图 6-1 为工业控制计算机系统的硬件组成示意图，它由计算机基本系统、人机对话系统、系统支持模块、过程 I/O 子系统等组成。在过程 I/O 子系统中，过程输入设备把系统

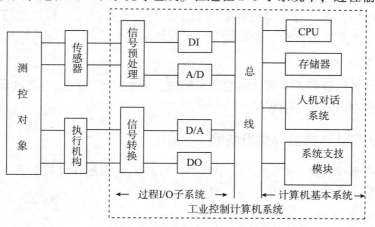

图 6-1　工业控制计算机系统硬件组成示意图

测控对象的工作状况和被控对象物理、工位接点状态转换为计算机能接收的数字信号；过程输出设备把计算机输出的数字信号转换为能驱动各种执行机构的功率信号。人机对话系统用于操作者与计算机系统之间的信息交换，主要包括键盘、图形或数码显示器、声光指示器、语音提示器等。系统支持模块包括软盘、硬盘、光盘驱动器、串行通信接口、打印机并行接口（调制解调器）等。

工业控制计算机系统的软件包括适应工业控制的实时系统软件、通用软件和工业控制软件等。

二、工业控制计算机的基本要求

由于工业控制计算机面向机电一体化系统的工业现场，因此它的结构组成、工作性能与普通计算机有所不同，其基本要求如下。

1. 具有完善的过程 I/O 功能

要使工业控制计算机能控制机电一体化系统正常运行，它必须具有丰富的模拟量和数字量 I/O 通道，以便使计算机能实现各种形式的数据采集、过程连接和信息变换等，这是计算机能否投入机电一体化系统运行的重要条件。

2. 具有实时控制功能

工业控制计算机应具有时间驱动和事件驱动的能力，要能对生产的工况变化实时地进行监视和控制，当过程参数出现偏差甚至故障时能迅速响应并及时处理，为此需配有实时操作系统及过程中断系统。

3. 具有可靠性

机电一体化设备通常是昼夜连续工作，同时工业控制计算机兼有系统故障诊断的任务，这就要求工业控制计算机具有非常高的可靠性。

4. 具有较强的环境适应性和抗干扰能力

在工业环境中，电磁干扰严重，供电条件不良。工业控制计算机必须具有极高的电磁兼容性，要有高抗干扰能力和共模抑制能力。此外，工业控制计算机还应适应高温、高湿、振动冲击、灰尘等恶劣的工作环境。

5. 具有丰富的软件

工业控制计算机要配备丰富的测控应用软件，建立能正确反应生产过程规律的数学模型，建立标准控制算式及控制程序。

三、工业控制计算机分类及特点

根据计算机系统的软/硬件及其应用特点，常将工业控制计算机分为 3 类：可编程序控制器、总线型工业控制计算机、单片机。

1. 可编程序控制器

可编程序控制器是给机电一体化系统提供控制和操作的一种电子装置，它采用可编程序存储器作为内部指令记忆装置；具有逻辑、排序、定时、计数及算术运算等功能，并通过数字或模拟 I/O 模块控制各种形式的机器及过程。可编程序控制器（Programmable Controller），缩写为 PC。PC 的早期设计只是用作基于逻辑的顺序控制，但由于其缩写与个人计算机（Persona computer，PC）的缩写相同，所以改称为可编程序逻辑控制器（Programmable Logic Controller），缩写为 PLC。随着现代科学技术的迅速发展，可编程序控制器不仅仅只是作为逻辑的顺序控制，而且还可以接收各种数字信号、模拟信号，进行逻辑运算、函数运算和浮点运算等。更高级的 PLC 还能够生成模拟输出，甚至起到 PID 过程控制器的作用。

不同型号的可编程序控制器，其内部结构和功能不尽相同，但结构形式大体相同。PLC 的硬件系统由主机、I/O 扩展接口及外部设备（外设）组成。主机和扩展接口采用微机（微型计算机）的结构形式，其内部由运算器、控制器、存储器、输入单元、输出单元，以及接口等部分组成。图 6-2 是 PLC 的硬件系统简化框图。

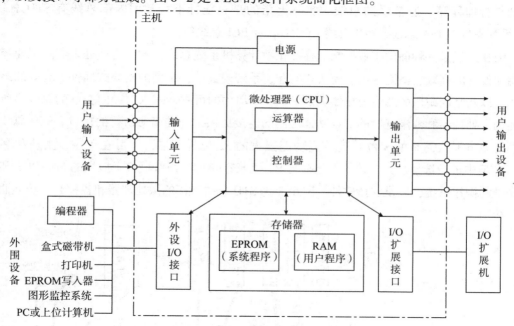

图 6-2　PLC 的硬件系统简化框图

PLC 把计算机的功能完善、通用、灵活、智能等特点与继电接触器（简称继电器）控制的简单、直观、价格便宜等优点结合起来，可以取代传统的继电接触器控制，而且具备继电接触器控制所不具有的优点，其主要特点如下。

1）程序可变，柔性好。在生产工艺流程改变或被控设备更新的情况下，不必改变PLC 的硬件，只需改变程序就可以满足要求。

2）可靠性高，适于工业环境。PLC 是专门为工业环境应用而设计的计算机系统，在硬件和软件上采取了一系列有效措施，以提高系统的可靠性和抗干扰能力，并有较完善的自诊断和自保护能力，能够适应恶劣的工业环境。

3）编程简单，使用方便。大多数 PLC 采用梯形图的编程方式。梯形图类似于继电接触器控制的电气原理图，使用者不必具备很深的计算机编程知识，只需将梯形图输入 PLC

即可使用。

4）功能完善。PLC 具有逻辑运算、定时、计数及顺序控制、通信、记录和显示等功能，系统适应范围大大提高。

5）体积小，质量轻，易于装入机器内部。

2. 总线型工业控制计算机

总线是连接一个或多个部件的一组电缆的总称，通常包括地址总线、数据总线和控制总线。总线的特点在于公用性和兼容性，它能同时挂连多个功能部件，且可互换使用。总线标准是指芯片之间、模板之间及系统之间，通过总线进行连接和传输信息时，应遵守的一些协议与规范。总线标准包括硬件和软件两个方面，如总线工作时钟频率、总线信号线定义、总线系统结构、总线仲裁机构与配置机构、电气规范、机械规范和实施总线协议的驱动与管理程序。通常说的总线，实际上指的是总线标准。常用内部总线有 STD 总线、PC 系列总线（ISA 总线、PCI 总线）、Compact PCI 总线等。

STD 总线是一种面向工业控制的标准化微计算机系统总线，它是为微处理器的工业控制应用而设计的高效、坚固耐用、模块式的互连系统。其中，小型的模块式插件，有效的结构方式，以及坚固耐用的总线连接器满足了工业环境中的可靠性需求；面向 I/O 的总线为所有的通用微处理器和范围宽广的 I/O 功能之间的连接提供了一种简便易行的接口。STD 总线的处理能力范围从简单的 8 位处理器到功能强大的 32 位处理器，并可在单主、主从和多主 CPU 环境中进行选择。其支持软件包括与 PC 机兼容的 STD 总线硬件上应用的 MS-DOS 和其他先进的操作系统，以及支持软件。图 6-3 为 STD 总线连接的微处理器和各种 I/O 功能插件的连接图。

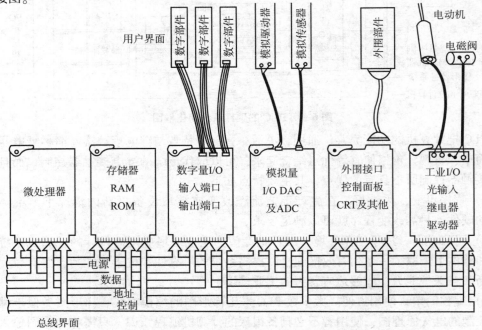

图 6-3 微处理器和各种 I/O 功能插件的连接图

总线型工业控制计算机，根据功能要求把控制系统划分成具有一种或几种独立功能的硬件模块，从内总线入手把各功能模块设计制造成"标准"的印制电路板插件（亦称模块），像搭积木一样将硬件插件及模板插入一块公共的称为底板的电路板插槽上组成一个模块网络系统，每块插件之间的信息都通过底板进行交换，从而完成控制系统的整体功能，这就是所谓的模块化设计。由于总线型工业控制计算机系统将一个较复杂的系统分解成具有独立功能的模块，再把所需的功能模板插到底板上，构成一个计算机控制系统，因而其具有如下的优点。

1）提高了设计效率，缩短了设计和制造周期。在计算机系统的整体设计时，将复杂的电路分布在若干功能模板上，可同时并行地进行设计，大量的功能模板可以直接购得，从而大大地缩短了系统的设计、制造周朗。

2）提高了系统可靠性。由于各通用模块均由专业制造厂以 OEM（Original Equipment Manufacture）产品形式专业化大批量生产制造，用户可以根据自己的具体需要，购买这批 OEM 产品，如中央处理器（CPU）、随机存取存储器（RAM）、只读存储器（ROM）、A/D、D/A 等模板，及专用 I/O 接口板卡等，来构成自己的计算机系统。由于模板的质量稳定，性能可靠，因此也就保证了工业控制计算机系统的可靠性。

3）便于调试和维修。由于模板是按照计算机系统的功能进行分解的，维修或调试时只要根据功能故障性质进行诊断，更换损坏的模板，就可以方便地排除故障，进行调试。

4）能适应技术发展的需要，迅速改进系统的性能。有时在新的系统运行后，需要根据实际情况改进计算机系统的性能；有时随着技术发展，产品性能需要进一步提高，或者产品随市场需要而改型，要求计算机系统作相应改进；或者随着电子技术的发展，大存储量芯片的出现，新型专用大规模集成电路的推广应用等，都需要对原计算机系统的其一部分或模块进行更新。在上述情况下总线型工业的控制计算机只需改进模块和软件，不需对整个计算机系统进行重新设计就能满足对计算机系统提出的新的要求。

3. 单片机

单片机，即集成在一块芯片上的计算机，把中央处理器（Central Processing Unit，CPU）、随机存储器（Random Access Memory，RAM）、只读存储器（Read Only Memory，ROM）、定时器/计数器，以及 I/O 接口电路等主要计算机部件集成在一块芯片上，如图 6-4 所示。其特点如下。

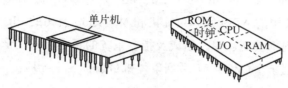

图 6-4　单片机

1）受集成度的限制，单片机内存储器容量较小。一般，单片机内 ROM 容量小于 8 KB，单片机内 RAM 容量小于 256 B；但可在外部进行扩展，如 MCS-51 系列单片机的片外可擦可编程只读存储器（EPROM）、静态随机存储器（SRAM）可将容量分别扩展至64 KB。

2）可靠性高。单片机芯片本身是按工业测控环境要求设计的，其抗工业噪声干扰的能力优于一般通用CPU；程序指令及其常数、表格固化在ROM中不易损坏；常用信号通道均集成在一个芯片内，信号传输可靠性高。

3）易扩展。单片机内具有计算机正常运行所必需的部件，单片机芯片外部有许多供扩展用的总线及并行、串行I/O端口，很容易构成各种规模的工业控制计算机系统。

4）控制功能强。为了满足工业控制要求，单片机的指令系统中有极丰富的条件分支转移指令、I/O接口（I/O口）的逻辑操作，以及位处理功能。一般来说，单片机的逻辑控制功能及运行速度均高于同一档次的微处理器。

5）一般单片机内无监控程序或系统通用管理程序，软件开发工作量大。但近年来已开始出现了片内固化有BASIC解释程序及C语言解释程序的单片机开发软件，使单片机系统的开发提高到了一个新水平。

第二节　单片机

一、概述

随着微电子技术的不断发展，计算机技术也得到迅速发展，并且由于芯片集成度的提高而使计算机微型化，出现了单片微型计算机（Single Chip Computer），简称单片机，也可称为微控制器（Micro controller Unit，MCU）。

单片机具有功能强、体积小、成本低、功耗小、配置灵活等特点，使其在工业控制、智能仪表、技术改造、通信系统、信号处理等领域，以及家用电器、高级玩具、办公自动化设备等方面均得到应用。

从1976年9月Intel公司推出MCS-48系列单片机以来，世界上的一些著名器件公司都纷纷推出各自系列的单片机产品。其中，主要有Intel公司的MCS-48、MCS-51、MCS-96系列单片机；Motorola公司的MC6801、MC6805系列单片机；Zilog公司的Z8系列单片机；近年来有Atmel公司的AT89系列单片机和Microchip公司的PIC系列单片机等。各种系列的单片机由于其内部功能、单元组成及指令系统的不尽相同，形成了各具特色的系列产品。其中Intel公司生产的MCS-51系列单片机目前仍占主导地位。

二、51系列单片机

51系列单片机源于Intel公司的MCS-51系列，在Intel公司将MCS-51系列单片机实行技术开放政策之后，许多公司，如Philips、Dallas、Siemens、Atmel、华邦、LG等都以

MCS-51 系列中的基础结构 8051 为基核推出了许多各具特色、具有优异性能的单片机。这样，把这些厂家以 8051 为基核推出的各种型号的兼容型单片机统称为 51 系列单片机。Intel 公司 MCS-51 系列单片机中的 8051 是其中最基础的单片机型号。

1. 8051 单片机的引脚功能

8051 单片机的 40 个引脚（见图 6-5）大致可分为 4 类：电源引脚、时钟引脚、控制线和 I/O 线。

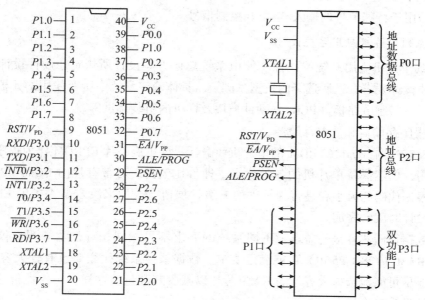

图 6-5　单片机引脚图

（1）电源引脚。

电源引脚有以下两种：

1）V_{CC} 为芯片电源，接 +5V；

2）V_{SS} 为接地端；

（2）时钟引脚。

时钟引脚 $XTAL1$、$XTAL2$ 为晶体振荡电路反相输入端和输出端。

（3）控制线

控制线共有 4 根，分别如下。

1）$ALE/\overline{PROG}$：地址锁存允许/片内 EPROM 编程脉冲。

① ALE 功能：用来锁存 P0 口送出的低 8 位地址。

② $\overline{PROG}$ 功能：片内有 EPROM 的芯片，在 EPROM 编程期间，此引脚输入编程脉冲。

2）$\overline{PSEN}$：外 ROM 读选通信号。

3）RST/V_{PD}：复位/备用电源。

① RST（Reset）功能：复位信号输入端。

② V_{PD} 功能：在 V_{CC} 掉电情况下，接备用电源。

4) $\overline{EA}/V_{\mathrm{PP}}$：内外 ROM 选择/片内 EPROM 编程电源。

① $\overline{EA}$ 功能：内外 ROM 选择端。

② V_{PP} 功能：片内有 EPROM 的芯片，在 EPROM 编程期间，施加编程电源 V_{PP}。

（4）I/O 线

8051 共有 4 个 8 位并行 I/O 端口：P0、P1、P2、P3 口，共 32 个引脚。P3 口还具有第二功能，用于特殊信号的输入/输出和控制信号。

2. 51 系列单片机应用系统设计

51 系列单片机应用系统的硬件功能由系统总体方案设计所规定。硬件设计的任务就是根据总体设计要求，在所选择的机型基础上，具体确定系统中所要使用的元器件，绘制系统原理图、印制电路板（PCB）、硬件模块及样机的组装调试等。

（1）程序存储器和数据存储器

对于没有片内 ROM/EPROM 的单片机而言，只要扩展一片 EPROM 作为程序存储器即可灵活使用，仍然保持单片机的各种优点，性价比较高。对带有片内 ROM/EPROM 的单片机，要根据代码的大小和是否为软件的升级扩展留有余地来决定是否扩展 EPROM，这点在总体设计时就已完成。

对于数据存储器容量的需求，不同系统的要求不尽相同。对于常规测量仪器和控制器，片内 RAM（128B/256B）已能满足要求。数据采集系统往往要求有较大容量的 RAM 存储器，要尽可能地选择大容量的 RAM 芯片以减少其数量。这样，不仅性价比较高而且减少了硬件设计工作量。

（2）I/O 接口

51 系列单片机应用系统一般需要扩展 I/O 接口。在选择 I/O 接口电路时应从体积、价格、负载、功能等方面考虑。一般应选用标准化、可编程的 I/O 接口芯片（如 8255），这样可使接口简单、适用方便，对总线负载小。

模拟电路应根据系统对它的速度和精度要求来选择，同时还需要和传感器等设备的性能相匹配。

（3）地址译码电路设计

51 系列单片机应用系统有充足的存储器空间。在一般的应用系统中，往往不需要这么大的容量。为了简化电路设计，同时使所用到的存储空间地址连续，在进行地址译码电路设计时可以采用译码器与线选相结合的方式。

（4）总线驱动器的设计

51 系列单片机功能比较强，但扩展总线负载能力有限。若扩展的电路负载超过总线负载总能力，这时就必须在总线上加驱动器。总线驱动器不仅能提高端口总线的驱动能力，还可以提高系统的抗干扰能力。

（5）其他外围电路设计

除了上述 4 类设计，在一个 51 系列单片机应用系统中，还有众多的单片机外围电路硬件设计。这些电路主要完成对一些现场物理量进行测量或将采集来的信号进行处理后再反过去控制被测设备，如键盘、显示器、打印机、采样放大电路、A/D 转换器、D/A 转换器、开关量 I/O 设备。

（6）硬件设计应注意的问题

在进行 51 系列单片机应用系统的硬件设计时，应注意以下几个方面。

1）尽可能选择标准化、模块化的电路，提高设计的成功率和结构的灵活性。

2）尽可能选择功能强、集成度高的集成电路芯片，这样可以减少元器件数量，使系统可靠性增强。

3）在对系统总体结构设计时，要注意通用性的问题。一个大的系统往往是由各个不同的模块组成，这样模块间的接口问题就显得尤为重要。有时可以选择通用的接口形式，必要时，可选择现成的模块板作为系统的一部分，尽管成本可能偏高，但大大缩短研发周期。

4）在设计电路时，要充分考虑系统各部分的驱动能力。不同的电路有不同的驱动能力，对后一级系统的输入阻抗要求也不一样。如果阻抗匹配不一致，系统驱动能力不够，将导致系统工作不可靠甚至无法工作。

5）注意选择通用性强、市场货源充足的元器件，尤其在需要大批量生产的场合，更应注意这方面的问题。这样，一旦某种器件无法获得，也能用其他元器件代替或稍做改动后用其他器件替换。

6）工艺设计也是十分重要的问题，包括机箱、面板、印制电路板、配线、接插件等。当然，有些还涉及结构设计的问题。

7）在系统硬件设计时，要尽可能充分利用单片机的片内资源，使自己设计的电路标准化、模块化。

8）硬件设计结束后，应编写出电气原理图及设计说明书。

第三节　可编程序控制器

一、PLC 产生的历史背景

早在 1968 年，美国最大的汽车制造商通用汽车公司（GM），为了适应汽车型号不断更新的需要，想寻找一种方法，尽可能减少重新设计继电接触器控制系统和接线的工作量，降低成本，缩短周期，于是设想把计算机功能完备、灵活性、通用性好等优点和继电接触器控制系统简单易懂、操作方便、价格便宜等优点结合起来，制造一种新型的工业控制装置。为此，1968 年美国通用汽车公司公开招标，要求制造商为其装配线提供一种新型的通用控制器，提出了十项招标指标。

美国数字设备公司（DEC）中标，于 1969 年研制成功了一台符合要求的控制器，在通用汽车公司（GM）的汽车装配线上试验获得成功。由于这种控制器适于工业环境，便于安装，可以重复使用，通过编程来改变控制规律，完全可以取代继电接触器控制系统，因此在短时间内该控制器的应用很快就扩展到其他工业领域。美国电气制造商协会（National Electrical Manufactures Association，NEMA）于 1980 年把这种控制器正式命名为可编程序控制器（PLC）。为使这一新型的工业控制装置的生产和发展规范化，国际电工委员会（IEC）制定了 PLC 的标准，给出 PLC 的定义如下：可编程序控制器是一种数字运算操作的电子系统，专为在工业环境下应用而设计的；它采用可编程的存储器，用来在其内部存贮执行逻辑运算、顺序控制、定时、计数和算术运算等操作指令，并通过数字式和模拟式的输入和输出，控制各种类型的机械或生产过程；可编程序控制器及其有关设备，都应按易于与工业控制系统形成一个整体、易于扩展其功能的原则设计。

二、PLC 的发展

从 1969 年出现第一台 PLC，经过几十年的发展，PLC 已经发展到了第四代。

第一代 PLC 出现在 1969—1972 年，当时 CPU 由中小规模集成电路组成，存储器为磁芯存储器。其功能也比较单一，仅能实现逻辑运算、定时、记数和顺序控制等功能，可靠性相比以前的顺序控制器有较大提高，灵活性也有所增加。

第二代 PLC 出现在 1973—1975 年，该时期是 PLC 的发展中期，随着微处理器的出现，该时期的产品已开始使用微处理器作为 CPU，存储器采用半导体存储器。其功能进一步发展和完善，能够实现数字运算、传送、比较、PID 调节、通信等功能，并初步具备自诊断功能，可靠性有了一定提高，但扫描速度不太理想。

第三代 PLC 出现在 1976—1983 年，这段时期 PLC 进入快速发展阶段，已采用 8 位和 16 位微处理器作为 CPU，部分产品还采用了多微处理器结构。其功能显著增强，速度大大提高，并能进行多种复杂的数学运算，具备完善的通信功能和较强的远程 I/O 能力，具有较强的自诊断功能并采用了容错技术。在规模上向两极发展，即向小型、超小型和大型发展。

1983 年到现在为第四代 PLC，这个时期的产品除采用 16 位以上的微处理器作为 CPU 外，内存容量更大，有的已达数兆字节；可以将多台 PLC 连接起来，实现资源共享；可以直接用于一些规模较大的复杂控制系统；编程语言除了可使用传统的梯形图、流程图等，还可以使用高级语言；外设（外围设备）多样化，可以配置 CRT 和打印机等。

三、PLC 与通用微处理机的区别

PLC 与通用微处理机（微机）的区别如下。

1）扫描工作机制是 PLC 与通用微处理机的基本区别。

2）在理论上，微机可以编程，形成 PLC 的多数功能，然而通用微机不是专门为工业环境应用设计的；

3）微机与外部世界连接时，需要专门的接口电路板，而 PLC 带有各种 I/O 模块可供直接利用，且输入/输出线可多至数百条；

4）PLC 具有多种诊断能力、模块式结构、易于维修的优点；

5）PLC 可采用梯形图编程，编程语言直观简单、容易掌握；

6）虽然许多 PLC 能够接收模拟信号和进行简单的算术运算，但是，当数学运算复杂时，PLC 是无法与通用微机相竞争的。

四、PLC 控制系统设计

1. PLC 控制系统设计的基本原则

PLC 控制系统设计的基本原则如下。

1）满足被控对象的控制要求。

2）考虑到生产的发展和生产工艺的改进，设计 PLC 控制系统时要有适当裕量。

3）在满足以上两个要求的前提下，应力求使该系统具有较好的性价比。

4）确保控制系统的安全、可靠。

2. PLC 控制系统设计的基本内容

PLC 控制系统设计的基本内容如下。

1）选择用户输入设备（按钮、开关、传感器等）、输出设备（接触器、继电器、信号灯等），以及由输出设备驱动的控制对象（电动机、电磁阀等）。

2）PLC 的选择。PLC 是整个 PLC 控制系统的核心部件，正确选择 PLC 对于保证整个 PLC 控制系统的经济技术性能指标有至关重要的作用。PLC 的选择包括机型、容量、I/O 模块及其他模块的选择等。

3）分配 I/O 点数，绘制相应端子的接线图，并形成相应文档。

4）设计控制程序，包括梯形图、语句表或控制系统流程图。

5）必要的话，设计操作台、电气柜、模拟显示盘和非标准电气元件。

6）编制 PLC 控制系统的设计文件，包括说明书、电气图及电气元件的明细表等。

3. PLC 控制系统设计的一般步骤

PLC 控制系统设计的一般步骤如下。

1）深入了解被控系统。必须对被控对象所有功能作全面细致的了解，如对象的全部动作及动作时序、动作条件，必需的互锁与保护，电气系统与机械、液压、气动、仪表等系统间的关系。PLC 与其他智能设备间的关系，PLC 之间是否联网通信，突发性电源掉电（停电）及紧急事故处理，系统的工作方式及人机界面，需要显示的物理量及显示方式。

2）确定系统 I/O 元器件。

3）选择 PLC。根据被控对象对 PLC 控制系统技术指标的要求、确定 I/O 信号的点数及类型，据此确定 PLC 的类型和配置。对整体式模块，应选定基本单元和扩展单元的型号；对模块式 PLC，应确定框架或基板的型号，再选择所需模块的型号及数量、编程设备及外围设备的型号。

4）分配 PLC 的 I/O 点数。对 I/O 设备的每个结点都进行编号，并且与 PLC 的 I/O 端口相一致，列出一张 I/O 信号表，表中应标明各信息的名称、代号和分配的元件、信号的类型和有效状态，可能的话列出其动作条件和（或）功能。

5）绘制硬件接线图。

6）设计操作台（控制箱）。

7）设计用户程序。对于简单的 PLC 控制系统，特别是简单的开关量控制，可采用经验设计方法绘制其梯形图。对于较复杂的 PLC 控制系统，需要根据总体要求和系统的具体情况，确定用户程序的基本结构，绘制系统的控制流程图或功能表图，用以清楚表明动作的顺序和条件，然后设计出相应的梯形图。控制流程图或功能表要尽可能详细、准确，以方便编程。

8）模拟调试程序。将设计好的程序输入到 PLC，先检查并纠正语法和拼写上的错误。在模拟调试时，实际的输入元件和输出负载一般都不接，通常用小的扳动开关来模拟输入，而输出可以通过输出端发光二极管来判断，反馈信号如压力继电器、行程开关等可由扳动开关等来模拟。

模拟调试要检验程序是否完全符合预定要求，所以必须考虑各种可能的情况，要对控制流程图或功能表的所有分支，各种可能的线路进行测试，发现问题并及时修正控制程序，直至完全符合控制要求。

9）联机调试。当控制台（柜）及现场施工完毕，程序的模拟调试完成后，就可以进行联机调试，如不满足要求，须重新检查程序或接线，及时更正软硬件方面的问题。

10）编写技术文件。当联机调试通过，并经过一段试运行确认可正常工作后，就可根据整个设计过程整理出完整的技术资料提供给用户，以利于系统的维修和改进。

11）交付使用。

五、PLC 应用举例

例 6-1　抢答器控制系统设计实例。

设有 3 个参赛组共 5 人，每人一个按钮：PB_{11}、PB_{12}、PB_2、PB_{31}、PB_{32}。如图 6-6 所示，控制要求如下：（1）竞赛者若要回答主持人所提问题时，需抢先按下桌子上的按钮。

图 6-6　抢答器控制系统示意图

（2）为了优待儿童，PB_{11} 和 PB_{12} 中的任一个按下，灯 L_1 就会亮。而教授组的灯 L_3 则只有当 PB_{31}、PB_{32} 都按下才亮。

（3）指示灯亮后，需等到主持人按下复位键 PB_4 后才熄灭。

（4）如果竞赛者在主持人打开开关 SW 后 10 s 内按下按钮，接通电磁开关 SQ_L，电磁线圈将使彩球转动，以示该组得到一次幸运机会。

抢答器控制系统的设计：确定 I/O 设备，并分配 PLC 的 I/O 点，见表 6-1。

表 6-1　抢答器控制系统的 I/O 点分配表

输入设备	输入点	输出设备	输出点
按钮 PB_{11}	X_0	灯 L_1	Y_0
按钮 PB_{12}	X_1	灯 L_2	Y_1
按钮 PB_2	X_2	灯 L_3	Y_2
按钮 PB_{31}	X_3	电磁开关 SQ_L	Y_3
按钮 PB_{32}	X_4		
按钮 PB_4	X_5		
选择开关 SW	X_6		

抢答器控制系统的梯形图如图 6-7 所示

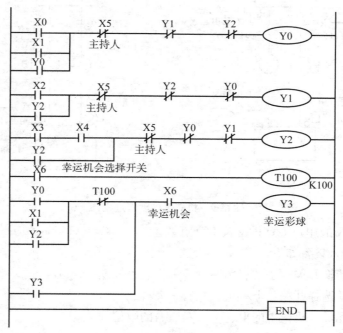

图 6-7　抢答器控制系统的梯形图

例 6-2　机械手控制系统设计实例。

设有一搬运工件的机械手，其操作是将工件从左工作台搬到右工作台，其动作示意图如图 6-8 所示。

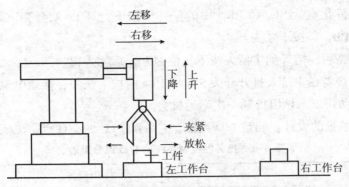

图 6-8　搬运工件的机械手动作示意图

（1）根据工艺分析控制要求

机械手的全部动作由气缸驱动，而气缸又由相应的电磁阀控制。图 6-9 为机械手的动作过程。由图 6-9 可知，机械手经 8 步动作完成一个周期：下降→夹紧→上升→右移→下降→放松→上升→左移。机械手的工作方式分为手动方式和自动方式，自动方式又分为单步、单周期、连续工作 3 种方式。

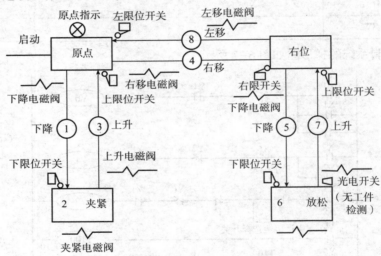

图 6-9　机械手的动作过程

（2）确定所需的用户 I/O 设备及 I/O 点数

1）设备的输入设备如下。

①操作方式转换开关：手动、回原点、单步、单周期、连续工作。

②手动时运动选择开关：上/下、左/右、夹/松。

③位置检测元件：机械手的上、下、左、右的限位开关。

④按钮：启动、停止、原点。

2）设备的输出设备如下。

气缸运动电磁阀：上升、下降、右移、左移、夹紧。

根据上面分析可知：PLC 共需 18 个输入点、5 个输出点。

（3）选择 PLC

该机械手的控制为纯开关量控制，所需的 I/O 点数不多，因此选择一般的小型低档机即可。假定 FX 系列可编程序控制器资料齐全、供货方便、设计者对其比较熟悉，根据上面 I/O 点数可选 FX_{2N}-48MR，其主机 I/O 点数为 24/24 点，I/O 接线图如图 6-10 所示。

（4）画出 PLC I/O 接线图

该机械手工作方式有手动、回原点、单步、单周期和连续工作 5 种形式。机械手的操作面板如图 6-11 所示。上升、下降、左移、右移、放松、夹紧几个步序一目了然。下面就操作面板上标明的几种工作方式进行说明。

1）手动：用各自的按钮使各个负载单独接通或断开。

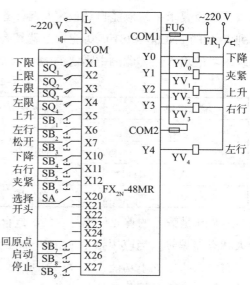

图 6-10　PLC I/O 接线图

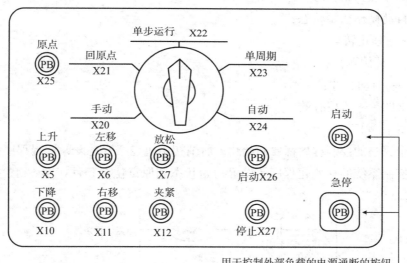

图 6-11　机械手的操作面板

2）回原点：按下此按钮，机械手自动回到原点。

3）单步：按动一次启动按钮，前进一个工步。

4）单周期：当机械手在原点位置时，按动启动按钮，自动运行一遍后再回到原点停止；若机械手在中途，按动停止按钮，则停止运行，再按启动按钮，则从断点处继续运行，回到原点处自动停止。

5）连续工作：当机械手在原点位置时，按动启动按钮，则机械手连续反复运行；若机械手在连续工作中，此时按动停止按钮，则机械手运行到原点后停止。

面板上的启动和急停按钮与 PLC 运行程序无关，这两个按钮是用来接通或断开 PLC 外部负载的电源。有多种运行方式的 PLC 控制系统，应能根据所设置的运行方式自动进入，这就要求系统应能自动设定与各个运行方式相应的初始状态。三菱公司生产的 FZX 系列 PLC 的 FNC60（IST）功能指令就具有这种功能。为了使用这个指令，必须指定具有连续编号的输入点，此例中指定的输入点如表 6-2 所示。

表 6-2　输入点分配表

输入继电器 X	功能	输入继电器 X	功能
X20	手动	X24	连续工作
X21	回原点	X25	回原点
X22	单步	X26	启动
X23	单周期	X27	停止

X20 是输入的首元件编号；S20 是自动方式的最小状态器编号；S29 是自动方式的最大状态器编号。当应用指令 FNC60 满足条件时，下面的初始状态器及相应特殊辅助继电器自动被指定如下功能：

S0——手动操作初始状态；

S1——回原点初始状态；

S2——自动操作初始状态；

M8048——禁止转移；

M8041——开始转移；

M8042——启动脉冲；

M8047-STL——监控有效。

（5）初始化程序

任何一个完整的控制程序都要初始化。所谓初始化程序就是设置控制程序的初始化参数。机械手控制系统的初始化程序是设置初始状态和原点位置条件。图 6-12 是初始化程序的梯形图。

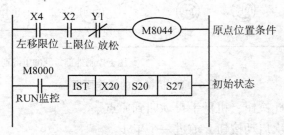

图 6-12　初始化程序的梯形图

特殊辅助继电器 M8044 作为原点位置条件用。当在原点位置条件满足时，M8044 接通。其他初始状态是由 IST 指令自动设定的。需要指出的是初始化程序只是在开始时执行一次，其结果存在元件映像寄存器中，这些元件的状态在程序执行过程中大部分都不再变化。有些则不然，像 S2 状态器就会随程序运行而改变状态。

（6）手动方式程序

手动方式程序的梯形图如图 6-13 所示。S0 为手动方式的初始状态。手动方式的夹紧、放松、上升、下降、左移、右移是由相应按钮来控制的。

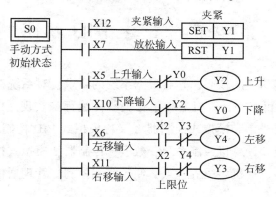

图 6-13 手动方式程序的梯形图

（7）回原点方式程序

回原点方式程序的状态图如图 6-14 所示。S1 是回原点方式的初始状态。回原点结束后，M8043 置 1。

（8）自动方式程序

自动方式程序的状态图如图 6-15 所示。其中，S2 是自动方式的初始状态。状态转移开始辅助继电器 M8041、原点位置条件辅助继电器 M8044 的状态都是在初始化程序中设定的，在程序运行中不再改变。

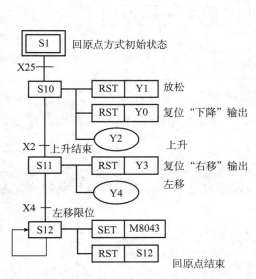

图 6-14 回原点方式程序的状态图

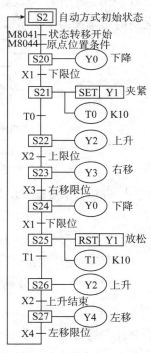

图 6-15 自动方式程序的状态图

第四节　数字 PID 技术

控制器是实现控制功能的核心，它会根据系统的要求，对系统按照一定规律或规则实施控制。PID 控制算法可以在计算机上利用相关软件编程来实现。PID 控制器分为数字式控制器（PID 数字控制器）和模拟式控制器（又称模拟式 PID 控制器，模拟调节器），分别应用于连续控制系统和计算机控制系统。数字式控制器和模拟式控制器相比，其具有控制算法灵活、可靠性高、一机多用等优点，便于实现控制与管理通信相结合。本节要介绍的就是 PID 数字控制器。

PID 数字控制器是按比例（Proportion）、积分（Integration）、微分（Differentiation）进行控制的调节器（简称 PID 调节器）。PID 数字控制器的实质就是根据输入的偏差值，按照比例、积分、微分的函数关系进行运算，其运算结果用于输出控制。在实际应用中，根据被控制对象的特性和控制要求，可以灵活地改变 PID 数字控制器的结构，以充分发挥计算机的作用。

一、数字 PID 控制的基本原理

数字 PID 控制是用计算机实现连续 PID 控制的一种算法，根据被控对象的理想值与实际检测值之间的信号偏差来控制输出信号。PID 控制原理如图 6-16 所示。

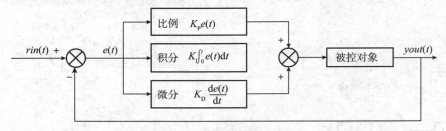

图 6-16　PID 控制的原理图

图 6-16 中 $rin(t)$ 为被控对象的设定值，$yout(t)$ 为被控对象的输出值，所以被控对象的偏差为

$$e(t) = rin(t) - yout(t) \tag{6-1}$$

由图 6-16 可知，PID 控制就是以被控对象的偏差 $e(t)$ 为调节对象，按控制形式分为比例、积分、微分 3 种，作用分别如下。

1. 比例控制作用

比例控制作用的算法为

$$u(t) = K_{p}e(t) \tag{6-2}$$

式中：$e(t)$ 为系统偏差信号；$u(t)$ 为比例控制的输出信号；K_{p} 为比例增益。

比例控制的输出信号与系统偏差 $e(t)$ 成比例，一旦系统产生偏差，将立即产生比例信号，因此比例控制能迅速反映误差，从而减小误差。比例增益越大，调节作用越明显，但是比例控制不能消除稳态误差，且随着比例增益的不断增大会引起系统振荡，导致系统不稳定，而过小的比例增益则因调节作用太弱，无法满足实际要求。

2. 积分控制作用

积分控制作用的算法为

$$u(t) = K_I \int e(t) \, \mathrm{d}t \tag{6-3}$$

式中：K_I 为积分增益。

积分控制产生的信号与偏差对时间的积分成正比，可以起到消除稳态误差的作用，即使系统出现微小偏差，只要满足积分时间，同样会得到很好的调节效果。积分控制作用的大小取决于积分增益，对于特定的控制系统，随着积分增益的增大，积分控制对于系统偏差的作用会逐渐增强；如果积分增益太小，调节作用则不明显；但是如果积分增益太大，积分作用过强，会使系统超调量加大，甚至出现振荡。所以积分控制一般与比例控制同时使用。

3. 微分控制作用

微分控制作用的算法为

$$u(t) = K_D \frac{\mathrm{d}e(t)}{\mathrm{d}t} \tag{6-4}$$

式中：K_D 是微分增益。

微分控制产生的输出信号与偏差的变化速度成正比，微分控制的主要目的是减少系统的超调量、加快系统响应、减少调节时间、克服振荡，使系统稳定性提高。但是微分控制的作用只体现在系统误差随时间变化的情况下，当系统误差的大小恒定时，这一控制环节起不到控制误差的作用。因此，微分控制必须与其他控制环节相结合使用。

4. 数字 PID 控制算法的比例、积分、微分的作用特点和不足

（1）比例控制环节（比例单元）的作用：能迅速反映偏差，从而减小偏差，但不能消除静态误差，比例增益过大，会引起系统的不稳定。

（2）积分控制环节（积分单元）的作用：只要系统存在偏差，积分控制环节就会产生控制作用减小偏差，直到最终消除偏差，但积分作用太强会使系统超调加大，甚至使系统出现振荡。

（3）微分控制环节（微分单元）的作用：有助于系统减小超调量，克服振荡，加快系统的响应速度，减小调节时间，从而改善系统的动态性能。但微分系数过大，会使系统出现不稳定。

将系统偏差的比例控制环节、积分控制环节、微分控制环节线性组合构成的控制作用就是数字 PID 控制。数字 PID 控制算法为

$$u(t) = K_\mathrm{P}e(t) + K_\mathrm{I}\int e(t)\,\mathrm{d}t + K_\mathrm{D}\frac{\mathrm{d}e(t)}{\mathrm{d}t}$$

$$= K_\mathrm{P}\left[e(t) + \frac{1}{T_\mathrm{I}}\int_0^t e(t)\,\mathrm{d}t + T_\mathrm{D}\frac{\mathrm{d}e(t)}{\mathrm{d}t}\right]$$

$$T_\mathrm{I} = \frac{K_\mathrm{P}}{K_\mathrm{I}}$$

$$T_\mathrm{D} = \frac{K_\mathrm{D}}{K_\mathrm{P}}$$

(6-5)

式中：T_I 为积分时间常数；T_D 为微分时间常数。

二、模拟 PID 控制算法

1. 模拟 PID 控制算法简介

自 PID 控制器出现以来，模拟式 PID 控制器得到了广泛的应用，相比于之前使用的控制器，模拟式控制器的优点在于：

1）结构简单，操作方便；

2）参数易于调整；

3）对于参数变化较大的控制对象，采用 PID 控制器能够达到更好的效果。

随着计算机技术的发展，用计算机算法代替模拟式 PID 控制器可以使模拟 PID 控制算法不断改进和完善，进一步扩展其功能。

PID 控制器的理想化方程为

$$u(t) = K_\mathrm{P}\left[e(t) + \frac{1}{T_\mathrm{I}}\int_0^t e(t)\,\mathrm{d}t + T_\mathrm{D}\frac{\mathrm{d}e(t)}{\mathrm{d}t}\right]$$

(6-6)

模拟式 PID 控制器的传递函数为

$$\frac{U(s)}{E(s)} = K_\mathrm{P}\left[1 + \frac{1}{T_\mathrm{I}\cdot s} + \frac{T_\mathrm{D}\cdot s}{1 + T_\mathrm{D}\cdot s/N}\right]$$

(6-7)

式中：$e(t)$ 是控制器的偏差，一般是输入信号和反馈信号的差值；$u(t)$ 是控制器的输出信号，一般为受控对象接收的控制信号；K_P 是控制器的比例增益；T_I 是控制器的积分时间常数；T_D 是控制器的微分时间常数；N 为调整惯性滤波器的常数。

在微分单元附加一个时间常数为 T_D/N 的惯性环节，上述方程是可实现的。通常情况下 N 的范围是 3～10，为了分析方便，下面的讨论都忽略这一项。

控制中常用两种比较简单的 PID 控制算法，分别是：增量式算法和位置式算法。这两种最简单的算法各有其特点，一般能满足大部分的控制要求。由于计算机控制只能根据采样时刻的偏差值计算控制量，为了实现计算机 PID 控制规律，必须对式（6-7）进行离散处理，采用反向差分变换法将连续系统离散化，变成数字 PID 控制器。

2. 反向差分变换法

对于给定的传递函数有

$$D(s) = \frac{U(s)}{E(s)} = \frac{1}{s} \tag{6-8}$$

其微分方程为：$e(t) = \dfrac{\mathrm{d}u(t)}{\mathrm{d}t}$，用反向差分代入式（6-8）得

$$\frac{\mathrm{d}u(t)}{\mathrm{d}t} = \frac{u(k) - u(k-1)}{T} = e(k) \tag{6-9}$$

对式（6-9）两边取 Z 变换得

$$(1 - z^{-1})U(z) = T \cdot E(z)$$

即

$$D(z) = \frac{U(z)}{E(z)} = \frac{1}{\dfrac{1 - z^{-1}}{T}} \tag{6-10}$$

将 $s = \dfrac{1 - z^{-1}}{T}$ 代入式（6-8）得

$$D(z) = D(s)\big|_{s = \frac{1 - z^{-1}}{T}} \tag{6-11}$$

采用上述方法可以把式（6-7）变换成脉冲传递函数，即

$$U(z) = K_P \left[1 + \frac{T}{T_I(1 - z^{-1})} + \frac{T_D}{T}(1 - z^{-1}) \right] E(z) \tag{6-12}$$

用差分方程表示为

$$u(k) = K_P \left\{ e(k) + \frac{T}{T_I} \sum_{i=1}^{k} e(i) + \frac{T_D}{T} \left[e(k) - e(k-1) \right] \right\} \tag{6-13}$$

式中：T 为采样周期，要求 T 足够小才能保证控制系统有一定的精度；k 为采样序号，取 $k = 1$，2，$\cdots$；$e(k)$ 为第 k 个采样时刻的输入值；$e(k-1)$ 为第 $k-1$ 个采样时刻的输入值；$u(k)$ 为第 k 个采样时刻的输出值。

如果采样周期 T 与被控对象时间常数比较相对较小，那么这种近似是合理的，并与连续控制的效果接近。模拟调节器很难实现理想的微分 $\mathrm{d}e(t)/\mathrm{d}t$，而利用计算机可以实现式（6-9）所表示的差分运算，故式（6-13）称为微分数字 PID 控制器的理想化方程。

基本的数字 PID 控制器一般具有两种形式的算法，分别是 PID 位置式算法和 PID 增量式算法。

3. PID 位置式算法

模拟调节器的调节动作是连续的，任何瞬间的输出控制量都对应于执行机构（如调节阀）的位置。由式（6-13）可知，数字控制器的输出控制量也和阀门位置相对应，故称为 PID 位置式算法（简称位置式）。

因为积分作用是对一段时间内偏差信号的累加，因此，利用计算机实现 PID 位置式算法不是很方便，不仅需要占用较多的存储单元，而且编程也不方便，因此可以采用其改进式——PID 增量式算法来实现。PID 位置式算法实现的闭环数字控制系统如图 6-17 所示。

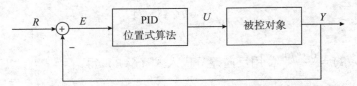

图 6-17　PID 位置式算法实现的闭环数字控制系统

4. PID 增量式算法

根据式（6-13）不难得到第 $k-1$ 个采样周期的控制量，即

$$u(k-1) = K_P\left\{e(k-1) + \frac{T}{T_I}\sum_{i=1}^{k-1}e(i) + \frac{T_D}{T}[e(k-1) - e(k-2)]\right\} \qquad (6-14)$$

将式（6-14）与式（6-13）相减，可以得到第 k 个采样时刻控制量的增量，即

$$\Delta u(k) = K_P\left\{e(k) - e(k-1) + \frac{T}{T_I}e(k) + \frac{T_D}{T}[e(k) - 2e(k-2) + e(k-2)]\right\} =$$

$$K_P[e(k) - e(k-1)] + K_I e(k) + K_D[e(k) - 2e(k-2) + e(k-2)] \qquad (6-15)$$

由于式（6-15）对应于第 k 个采样时刻阀门位置的增量，故称式（6-15）为 PID 增量式算法。由此，第 k 个采样时刻实际控制量为

$$\Delta u(k) = u(k) - u(k-1) \qquad (6-16)$$

由此可见，要利用 $\Delta u(k)$ 和 $u(k-1)$ 得到 $u(k)$，只需要用到 $u(k-1)$、$e(k-1)$ 和 $e(k-2)$ 这 3 个历史数据。在编程过程中，这 3 个历史数据可以采用平移法保存，从而可以递推使用，占用的存储单元少，编程简单，运算速度快。

PID 增量式算法仅仅是在算法设计上的改进，其输出是相对于上次控制输出量的增量形式，并没有改变 PID 位置式算法的本质，即它仍然反映执行机构的位置开度。如果希望输出控制量的增量，则必须采用具有保持位置功能的执行机构。

数字 PID 控制器的输出控制量通常都是通过 D/A 转换器输出的，在 D/A 转换器中将数字信号转换成模拟信号（4~20 mA 的电流信号或 0~5 V 的电压信号），然后通过放大驱动装置作用于执行机构，信号作用的时间连续到下一个控制量到来之前。因此，D/A 转换器具有零阶保持器的功能。PID 增量式算法实现的闭环数字控制系统如图 6-18 所示。

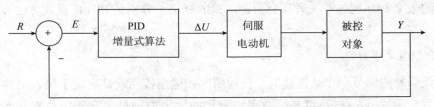

图 6-18　PID 增量式算法实现的闭环数字控制系统

三、数字式 PID 控制器的参数整定

在计算机控制系统中，对于控制性能影响最直接的就是控制参数的设定。对于 PID 控制器的设计关键在于控制参数 K_P、K_I 和 K_D 的合理整定上。模拟式 PID 控制器的参数整定主要是确

定 3 个参数 K_P、T_I 和 T_D；数字式 PID 控制器的参数整定则是确定 4 个参数 K_P、K_I、K_D 和 T。

　　PID 控制器的参数整定方法概括起来有两大类：一是理论计算整定方法，它依据系统数学模型，理论计算确定 PID 控制器参数；二是工程整定方法，它主要依赖工程经验，直接在控制系统试验中进行，且方法简单、易于掌握，工程实际中被广泛采用。由于在工程上往往无法得到准确的数学模型，而只能得到一个近似的模型，所以理论计算整定方法在工程上使用有很大的局限性，因此工程上常用实验法或试凑法来确定 PID 控制器的参数。下面介绍几种工程上常用的 PID 控制器的参数整定方法。

　　1. 试凑法

　　在实际应用中，进行 PID 控制器的参数整定时，更多的是根据比例、积分、微分单元的作用和特点采用试凑法确定参数值，对参数调整实行先比例，再积分，最后微分的整定顺序。具体过程如下。

　　1）先整定比例单元，将比例增益 K_P 由小变大，同时观察系统的响应曲线，直到得到响应较快、超调量较小的响应曲线。如果此时系统的静态误差已经达到可以接受的范围，且响应曲线良好，则不需要增加积分和微分单元；否则需加入积分单元继续整定。

　　2）先将调好的比例增益 K_P 缩小至 80%，再将积分时间常数 T_I 设置为一个较大的值，之后逐渐减小积分时间常数 T_I，同时适当地调整比例增益 K_P 的值，直到系统的静态误差得以消除，并且系统动态性能良好。如果反复调整积分时间常数 T_I 和比例增益 K_P 的值仍然得不到满意的动态过程，则加入微分单元并继续参数整定。

　　3）先将微分时间常数 T_D 设置为 0，再逐渐增加微分时间常数 T_D，同时适当地调整积分时间常数 T_I 和比例增益 K_P 的值，直到得到满意的控制效果。

　　此外，常用的一些控制系统，如温度控制系统、流量控制系统和压力控制系统等，在长期的生产实践中已经总结出一些经验参数，可以先根据这些经验参数再结合具体系统调整相应的参数进行试凑，从而加快参数的整定过程。

　　2. 临界振荡法

　　在只有比例单元的闭环控制系统中，从小到大逐渐改变 K_P 的值，直到 K_P 等于比例值 K_W 时系统开始产生等幅振荡。此时的比例值 K_W 为临界比例系数 K_C，振荡周期为临界振荡周期 T_C，利用这两个值就可以依据经验公式计算 P、PI、PID 控制器的各个参数如表 6-3 所示。这种方法称为临界振荡法，也称为临界比例度法。

表 6-3　临界振荡法计算 P、PI、PID 控制器参数的经验公式

控制器类型	比例增益 K_P	积分时间常数 T_I	微分时间常数 T_D
P	$0.5\,K_C$	—	—
PI	$0.45\,K_C$	$0.833\,T_C$	—
PID	$0.6\,K_C$	$0.50\,T_C$	$0.125\,T_C$

　　3. 扩充临界比例度整定法

　　扩充临界比例度整定法是在模拟调节器使用的临界比例度法基础上扩充而成的，它是

一种数字 PID 控制器参数整定法，用这种方法整定 T、K_P、T_I 和 T_D 的步骤如下。

1）选择一个足够短的采样周期 T_{min}。例如带有纯滞后的系统，其采样周期取纯滞后时间的 1/10 以下。

2）求出临界比例度 δ_k 和临界振荡周期 T_K。具体方法是，将上述的采样周期 T_{min} 输入到计算机控制系统，只采用比例控制，逐渐缩小比例度，直到系统产生等幅振荡。此时的比例度即为临界比例度 δ_k，相应的振荡周期为临界振荡周期 T_K。

3）选择控制度。所谓控制度，就是以模拟调节器为基准，将 DDC（直接数字控制）的控制效果与模拟调节器控制效果相比较，其评价函数通常用 $\int_0^\infty e^2(t)\,dt$（误差平方积分）表示。即

$$控制度 = \frac{\left[\int_0^\infty e^2(t)\,dt\right]_{DDC}}{\left[\int_0^\infty e^2(t)\,dt\right]_{模拟}} \tag{6-17}$$

对于模拟系统，其误差平方积分可按记录纸上的图形面积计算；而 DDC 系统可用计算机直接计算。通常当控制度为 1.05 时，表示 DDC 系统与模拟系统控制效果相当。

4）根据控制度，查表 6-4 即可求出 T、K_P、T_I 和 T_D 值。

5）将系统参数值设定为上述方法得到的参数值，并运行系统，观察控制效果适当调整参数直到满足需要为止。

表 6-4　扩充临界比例度整定法参数表

控制度	控制规律	T	K_P	T_I	T_D
1.05	PI	$0.03\,T_K$	$0.53\,\delta_k$	$0.88\,T_K$	—
	PID	$0.014\,T_K$	$0.63\,\delta_k$	$0.49\,T_K$	$0.14\,T_K$
1.2	PI	$0.05\,T_K$	$0.49\,\delta_k$	$0.91\,T_K$	—
	PID	$0.043\,T_K$	$0.47\,\delta_k$	$0.47\,T_K$	$0.16\,T_K$
1.5	PI	$0.14\,T_K$	$0.42\,\delta_k$	$0.99\,T_K$	—
	PID	$0.09\,T_K$	$0.34\,\delta_k$	$0.43\,T_K$	$0.20\,T_K$
2.0	PI	$0.22\,T_K$	$0.36\,\delta_k$	$1.05\,T_K$	—
	PID	$0.16\,T_K$	$0.27\,\delta_k$	$0.4\,T_K$	$0.22\,T_K$

4. 归一参数整定法

归一参数整定法是一种简化扩充临界比例度整定法，只需整定一个参数即可。由前文可知 PID 增量式算法的公式为

$$\Delta u(k) = u(k) - u(k-1) = K_P\{e(k) - e(k-1) + $$

$$\frac{T}{T_I}e(k) + \frac{T_D}{T}[e(k) - 2e(k-1) + e(k-2)]\} \tag{6-18}$$

令 $T = 0.1T_K$，$T_I = 0.5T_K$，$T_D = 0.125T_K$。其中，T_K 为纯比例作用下的临界振荡周期。

这样问题就简化为整定一个参数 K_P，改变 K_P，观察控制效果直到达到预期状态。

四、模糊控制器

1. 模糊控制器简介

模糊控制（Fuzzy Control）是用语言归纳操作人员的控制策略，运用语言变量和模糊集合理论形成控制算法的一种控制方式。模糊控制的最重要特征是不需要建立被控对象精确的数学模型，只要求把现场操作人员的经验和数据总结成较完善的语言控制规则，从而能够对具有不确定性、不精确性、噪声以及非线性、时变性、时滞等特征的控制对象进行控制。模糊控制器的鲁棒性强，尤其适用于非线性、时变性、时滞系统的控制。

2. 模糊控制器的研究对象

模糊控制器作为智能控制的一种类型，是控制理论发展的高级阶段产物，主要用来解决那些传统方法难以解决的复杂系统的控制问题。具体来说，其研究对象具备以下一些智能控制对象的特点。

（1）模型不确定性

传统的控制是基于模型的控制，这里的模型包括控制对象和干扰模型。对于传统控制通常认为模型已知或者经过辨识可以得到，而模糊控制器的对象通常存在严重的不确定性。这里所说的模型不确定性包括两层意思：一是模型未知或知之甚少；二是模型的结构和参数可能在很大范围内变化。无论哪种情况，传统方法都难以对它们进行控制，这正是模糊控制所要解决的问题。

（2）非线性系统

在传统的控制理论中，线性系统理论比较成熟。对于具有非线性特性的控制对象，虽然也有一些非线性控制方法，但总的来说，非线性控制理论还很不成熟，而且方法也比较复杂，采用模糊控制器往往可以较好地解决非线性系统的控制问题。

（3）复杂的任务要求

在传统的控制系统中，控制的任务或者是要求输出量为定值，或者要求输出量跟随期望的运动轨迹。而对于模糊控制器，要求往往比较复杂。例如，在智能机器人系统中，它要求控制系统对一个复杂的任务具有自行规划和决策的能力，有自动躲避障碍并且运动到期望目标位置的能力。

3. 模糊控制器的结构

模糊控制器主要有四大部件，如图 6-19 所示。

1）规则库：由 if-then 语句构成，是控制思想经验的总结。

2）模糊推理：由当前的输入，运用规则库进行推理，求取相应的对策。

3）模糊化：因模糊推理是在语言值（模糊集合）集上进行的，因此输入也应是语言值（如 NB、NM、NS、Z、PS、PM、PB）。而实际被控制对象的测量值是实数值，因此，需要把实数值变成语言值，这个过程就是模糊化。

4）模糊判断：推理机的推理结果是一个语言值，而执行器需要的是一个具体的数值，这就需要把语言值变成确定值，这个转换过程就称为模糊判断。

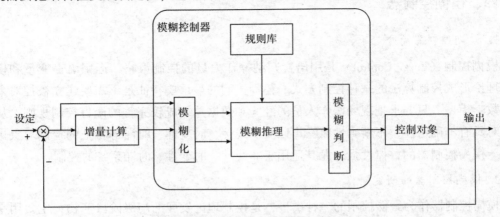

图6-19 模糊控制器的基本结构

第五节 嵌入式系统技术

一、嵌入式系统简介

1. 嵌入式系统的发展

随着近些年信息技术的快速发展和电子系统的广泛应用，嵌入式系统的开发逐渐成为热点。虽然嵌入式系统在近几年才风靡起来，但是其历史已有30多年。嵌入式系统最初是基于单片机出现的，早在20世纪70年代，单片机的出现使得家电、通信装置和工业机器等产品通过内嵌电子装置获得了更好的使用性能，而这些产品已经具备了嵌入式的应用特点；从20世纪80年代起，程序员开始用"操作系统"编写嵌入式软件，利用更短的开发周期和更少的开发资金来获取更高的开发效率，这便是最早的嵌入式系统。其中，比较著名的有Ready System公司的VRTX和QNX公司的QNX等，这些早期嵌入式系统都具有响应时间短、任务执行时间确定、系统内核小等特点，具有可裁剪性、可扩充性和可移植性，可以移植到各种处理器上，适合嵌入式应用；20世纪90年代以后，随着对实时性要求的提高，软件规模不断上升，实时多任务操作系统作为一种软件平台逐渐成为嵌入式系统的主流，更多公司看到嵌入式系统广阔的发展前景，开始大力发展自己的嵌入式系统，其中就包括嵌入式Linux、Lynx、Nucleux，以及国内的Hopen、Delta Os等嵌入式系统；在当今信息化社会中，嵌入式系统在人们的日常工作和生活中所占的比例越来越高，从MP3、手持PC到工业以及医疗方面的设备都可以归入嵌入式系统的应用范围，相信随着信息产业的发展，嵌入式系统作为一门理论与实际紧密结合的技术将会发展得日趋成熟。

2. 嵌入式系统的概念

嵌入式系统是指用于执行特定功能的专用计算机系统，可以从以下3个方面来理解嵌入式系统。

1）嵌入式系统是面向用户、面向产品、面向应用的，它必须与具体应用相结合，具有很强的专用性。嵌入式系统的硬件必须满足应用系统对功能、可靠性、成本、体积和功耗的要求，必须结合实际系统需求进行合理的裁剪利用。

2）嵌入式系统本身是一个定义模糊且延伸极广的概念，它是先进计算机技术、半导体技术、电子技术和各个行业的具体应用相结合后的产物，这一点就决定了它必然是一个技术密集、资金密集、高度分散、不断创新的知识集成系统，因此凡是与产品结合在一起的具有嵌入式特点的控制系统都可以称作嵌入式系统。

3）现在人们所讲的嵌入式系统多是指具有操作系统的嵌入式系统，但是嵌入式系统还包括无操作系统的嵌入式系统。

综上所述，可将嵌入式系统概括为：嵌入式系统是以应用为中心，以计算机技术为基础，由嵌入式微处理器、外围硬件设备、嵌入式操作系统，以及用户的应用程序4个部分组成，用于实现对其他设备的控制、监视或管理等功能。

3. 嵌入式系统的组成

从整体来看，不管嵌入式系统是结构简单，还是功能复杂，它都是由系统软件和系统硬件共同组成的，如图6-20所示。

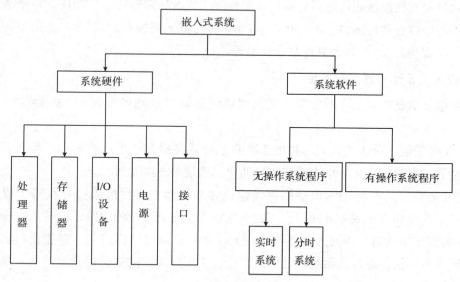

图6-20 嵌入式系统的组成

嵌入式系统的硬件分为处理器、存储器、I/O设备、电源和接口。

（1）处理器

处理器是嵌入式系统的核心，是控制和辅助系统运行的主要单元，主要用于执行程序代码，控制I/O接口和外围电路的具体执行情况。在嵌入式系统中这种处理器也叫作嵌入式微处理器。

（2）存储器

存储器是嵌入式系统中的记忆部件，用于存储固定的程序和数据或执行代码。在嵌入式系统中存储器包含 Cache、主存和辅助存储器。Cache 是一种容量小、速度快的存储器，用于存放最近一段时间嵌入式微处理器使用最多的程序代码和数据；主存是嵌入式微处理器能直接访问的寄存器，用来存放系统和用户的程序及数据。常用作主存的存储器分为只读存储器（Read Only Memory，ROM）和随机存取储器（Random Access Memory，RAM）；辅助存储器用来存放大数据量的程序代码或信息，它的容量大、读取速度与主存相比慢了很多，用来长期保存用户的信息。

（3）I/O 设备

嵌入式系统中的 I/O 设备多用于实现系统工作中的人机交互功能。通过输入设备（如鼠标、键盘和摄像头等）对使用中的程序进行人为控制，通过输出设备（显示器和语音输出部件）来输出系统数据、图像和语音信息。

（4）电源

电源是所有电子产品都不可缺少的一部分，嵌入式系统的电源管理很大程度上决定了系统的稳定性。电源管理包括电源 IC 的选择、电源电压检测和电源模式管理 3 个部分。

（5）接口

接口是嵌入式系统的处理器和存储器与设备进行信息和数据交换的连接部件，外围硬件设备通过和其他设备或传感器的连接来实现嵌入式微处理器的 I/O 功能。目前嵌入式系统中常用的接口有并行接口、串行接口、Ethernet（以太网接口）、USB（通用串行总线接口）、I^2C（现场总线），以及其他总线技术等。

4. 嵌入式系统的应用和发展

随着电子信息技术的不断发展，嵌入式系统逐渐渗透到各个领域，并得到了充足的发展。

1）工业控制：基于嵌入式芯片的工业自动化设备提高了生产效率和产品质量，减少了人力资源，在数字机床、电力系统和石油化工系统等方面发展迅速。

2）交通管理：内嵌 GPS 模块的移动定位终端已经在各种运输行业获得了成功的使用；在流量控制和汽车服务方面，嵌入式系统技术也得到广泛的应用。

3）智能家电管理：将嵌入式系统应用到冰箱、空调等的网络化、智能化，实现远程控制；嵌有专用控制芯片的系统将代替人工检查实现防火、防盗，以及水、电、煤气表的远程自动抄表。

4）网络与电子商务：自动售货机、各种智能 ATM 终端将全面走入人们的生活，手持一卡就可以行遍天下。

5）环境工程：在地况复杂的地区用嵌入式系统实现无人检测。

6）自然灾害：将嵌入式系统应用到防洪体系、水土质量监测、堤坝安全、地震监测网、水源和空气污染监测等多方面。

7）机电产品：包括工业设备和机器人在内的各种机电产品都会是嵌入式系统应用的重要领域。随着嵌入式系统的微型化和功能化，特种机器人、微型机器人也将获得更大的发展机遇。

8）国防军事：用于武器系统的控制和军事设备的智能化。

相信在未来，嵌入式系统必将随着科技的进步而不断发展，更加信息化、低成本、低功耗的嵌入式系统将会成为未来发展的必然趋势。

二、嵌入式微处理器

1. 嵌入式微处理器发展现状

嵌入式微处理器的基础是通用计算机中的 CPU，它是一个单芯片的 CPU，具有体积小、质量轻、成本低、可靠性高的优点。在使用嵌入式微处理器作为系统的核心控制器时，在印制电路板上必须包含 ROM、RAM、Flash、总线接口，以及各种外设控制器件等电路。

嵌入式微处理器的体系结构可以采用冯·诺依曼体系结构或哈佛体系结构（见图 6-21 和图 6-22）；指令系统可以选用精简指令系统（Reduced Instruction Set Computer，RISC）和复杂指令系统（Complex Instruction Set Computer，CISC）。CISC 计算机在通道中只包含最有用的指令，确保数据通道快速执行每一条指令，从而提高了执行效率，并使 CPU 硬件结构设计变得更为简单。

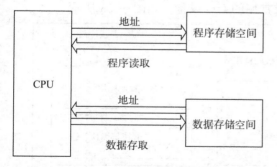

图 6-21　冯·诺依曼体系结构

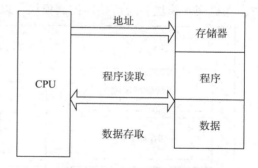

图 6-22　哈佛体系结构

嵌入式微处理器有各种不同的体系，即使在同一体系中也可能具有不同的时钟频率和数据总线宽度，集成了不同的外设和接口。据不完全统计，目前全世界嵌入式微处理器已经超过 1 000 种，体系结构有 30 多个系列，没有一种嵌入式微处理器可以主导市场，仅以 32 位的产品而言，就有 100 种以上的嵌入式微处理器。目前主流的嵌入式微处理器有 Am186/88、386EX、SC-400、68000、MIPS、ARM 系列，以及 Intet 的 x86/Pentium 系列和 IBM/Motorola 的 PowerPC 系列等。

2. 嵌入式微处理器的主要特点

嵌入式微处理器的主要特点如下。

1）对实时任务有很强的支持能力，能完成多任务并且有较短的中断响应时间，从而使内部的代码和实时内核心的执行时间减少。

2）具有功能很强的存储区保护功能。这是由于嵌入式系统的软件结构已模块化，而为了避免在软件模块之间出现错误的交叉作用，需要设计强大的存储区保护功能，同时也有利于软件诊断。

3）可扩展的处理器结构，能以最快速度开发出满足应用的最高性能嵌入式微处理器。

4）低功耗。尤其是用于便携式的无线及移动的计算和通信设备中靠电池供电的嵌入式系统更是如此。

三、嵌入式系统开发过程

嵌入式系统的开发主要分为系统总体开发、嵌入式硬件开发和嵌入式软件开发 3 大部分，要进行嵌入式系统的开发首先要了解嵌入式系统的硬件和软件这两部分的结构组成，以及硬件和软件分别实现的功能。

1. 嵌入式系统的硬件

嵌入式系统的硬件是系统的执行部件，主要由嵌入式微处理器和外围电路组成，嵌入式微处理器是嵌入式系统的核心硬件，决定了整个系统功能和应用领域。常见的外围电路主要有电源管理模块、时钟模块、外部存储器模块、机械执行模块、A/D 或 D/A 转换模块、人机交互模块、通信接口控制模块，以及常用的 I/O 设备，如图 6-23 所示。

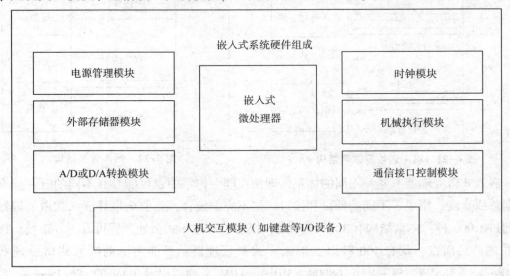

图 6-23 嵌入式系统的硬件结构

2. 嵌入式系统的软件

嵌入式系统的软件分为无操作系统的嵌入式系统软件和移植了操作系统的嵌入式系统软件。无操作系统的嵌入式系统软件多用于传统的单片机软件设计中；移植了操作系统的嵌入式系统软件层次分明、可扩展性高、可维护性强。移植了操作系统的嵌入式软件结构（见图6-24）具体包括以下几部分。

1）应用程序（Application）：针对特定应用设计的具有针对性的在操作系统上运行并且可以直接和用户进行交互的计算机程序。嵌入式操作系统的每一个应用程序都可以看作是一个独立的进程或任务，都有自己独立的地址空间。

2）嵌入式操作系统（Embedded Operation System）：负责嵌入式系统全部的软、硬件资源管理、分配，以及任务的执行、调度、控制和协调的一个管理控制程序。常见的嵌入式操作系统有 VxWorks、Linux、Small OS、Palm OS、Windows CE 和 Android。

（3）硬件抽象层：又称为板级支持包（Board Support Packet），是介于硬件和嵌入式操作系统驱动层程序之间的一层，主要用于描述底层硬件的相关信息，实现对嵌入式操作系统的支持和加载，为驱动程序提供访问接口。

（4）API 函数层（Application Programming Interface）：函数层是嵌入式操作系统为用户提供的文件系统管理、图形用户，以及系统管理等功能的应用程序编程接口，通过 API 接口函数，可以更好地实现应用程序和嵌入式操作系统之间的衔接和功能调用。

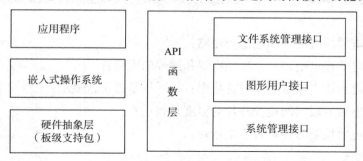

图6-24 移植了操作系统的嵌入式系统软件结构

3. 嵌入式系统的开发特点

嵌入式系统是面向用户、面向产品、面向应用的，用于执行特定功能的专用计算机系统，它的开发过程具有如下特点：

1）实时性要求较高；

2）具有人机交互功能，接口丰富；

3）对系统本身的功耗、成本、体积和可靠性要求较高；

4）针对特定的应用领域开发，功能较为单一，通用性较差；

5）需要进行交叉编译、链接和调试。

4. 嵌入式系统的开发流程

嵌入式系统的硬件和软件可以采用协同设计（Codesign）的方法，主要包括系统需求分析、系统体系结构设计、软/硬件协同设计、系统集成、系统调试。

1）系统需求分析：指理解用户需求，就系统功能与用户达成一致，估计项目风险和评估项目代价，确定系统的设计任务和设计目标，最终形成开发计划的一个复杂过程。系统需求分析通常分为功能性需求和非功能性需求两方面：功能性需求是指系统要实现的基本功能，例如数据的收集等；非功能性需求是指包括系统的整体性能、系统成本、系统功耗和系统体积在内的多方面要求。

2）系统体系结构设计：指在系统需求分析的基础上，根据所确定的系统任务和目标对系统进行功能划分和软/硬件选型。

3）软/硬件协同设计：指基于系统体系结构设计，对系统的软件、硬件进行并行设计，可以缩短产品的开发周期。

4）系统集成：指把系统软件、硬件和执行装置集成在一起进行调试的过程。目的是发现设计过程中存在的错误，不断进行改进和开发。

5）系统调试：指通过对系统进行有目的、有计划的测试过程，目的在于发现软件中存在的错误和缺陷，并验证系统的执行过程，确保软件满足用户所需的性能要求。

5. 嵌入式系统的调试

（1）硬件调试

嵌入式系统硬件调试过程一般指对新开发产品进行系统上电前后的检查，包括以下几个方面：

1）系统上电前检查电源和地是否短路；

2）系统上电前检查电路是否存在虚焊和漏焊的现象；

3）系统上电后检查电源电压是否稳定，指示灯是否正常显示；

4）系统上电后一段时间检查芯片的温度是否正常；

5）系统上电后检查时钟是否正常运转。

（2）软件调试

嵌入式系统中的软件调试过程是为了验证软件的正确性。而调试的结果一般不可预知，必须由了解详细设计过程的开发人员完成，一般有以下几种方法：

1）通过指示灯的状态对系统进行跟踪调试；

2）使用仿真器进行调试；

3）使用调试器进行代码级调试。

（3）综合调试

嵌入式系统中的综合调试是整个调试过程中最困难的一步，要求调试人员对系统的硬件和软件开发都有深入了解。综合调试能力需要在长期的实践中累积提高，常见的调试方法有以下几种：

1）基于主机的调试；

2）远程调试；

3）使用联合测试工作组（Joint Test Action Group，JTAG）进行跟踪调试。

四、常用的嵌入式操作系统

嵌入式系统开发时一开始就要考虑采用哪一个嵌入式操作系统；对于嵌入式操作系统的要求不仅是要支持硬件平台，还要满足应用的需求。下面介绍目前国内在 ARM9 嵌入式微处理器上广泛应用的 4 种嵌入式操作系统。

1. Linux

Linux 是嵌入式操作系统的一个新成员，其最大的应用价值就是开源。由于其源代码公开，所以程序员可以任意修改其源代码，以满足自己的应用，并且查错也很容易。Linux 是支持新型微处理器、新驱动软件和新协议软件最多且速度最快的平台。Linux 遵从 GPL 协议（通用性公开许可证），有大量的应用软件可用；这些应用在稍加修改后就能应用于用户自己的系统，无须专门的人才，只要懂 UNIX/Linux 和 C 语言即可。所以 Linux 上的软件开发和维护成本很低。

在嵌入式系统上运行 Linux 的一个缺点是：Linux 体系提供实时性能需要添加实时软件模块；而这些模块运行的内核空间正是嵌入式操作系统实现调度策略、硬件中断异常和执行程序的部分；由于这些实时软件模块是在内核空间运行的，因此代码错误可能会破坏嵌入式操作系统从而影响整个系统的可靠性，这对于实时应用将是一个非常严重的弊端。

2. VxWorks

VxWorks 是美国 Wind River 公司于 1983 年设计开发的一种嵌入式实时操作系统（RTOS），是目前应用最多的实时嵌入式操作系统平台之一。VxWorks 最大的应用价值是实时性和稳定性。VxWorks 具有可裁剪微内核结构，能实现高效的任务管理、灵活的任务间通信、微秒级的中断处理，支持多种物理介质及标准的、完整的 TCP/IP，可以用于所有流行的 CPU。

该嵌入式操作系统下软件的开发和维护成本都非常高，支持的硬件数量有限。

3. Windows CE

Windows CE 是一种针对小容量、移动式、智能化、32 位的模块化实时嵌入式操作系统，为建立针对掌上设备、无线设备的动态应用程序和服务提供了一种功能丰富的操作系统平台，它能在多种处理器体系结构上运行，并且通常适用于那些对内存占用空间具有一定限制的设备，它的模块化设计允许它对从掌上电脑到专用工业控制器用户的电子设备进行定制。

4. μC/OS—II

μC/OS—II 其实只是一个实时嵌入式操作系统的内核，是专为嵌入式应用设计的，可用于 8 位、16 位和 32 位单片机或数字信号处理器（DSP）。μC/OS—II 最大的应用价值就是简洁和实用，整个系统的硬件成本很低。μC/OS—II 在原版本 μC/OS 的基础上作了重大改进与升级，目前具有如下特点：

1）公开源代码，容易把嵌入式操作系统移植到各个不同的硬件平台上；

2）可移植性，绝大部分源代码是用 C 语言编写的，便于移植到其他嵌入式微处理器上；

3）可裁剪性，有选择地使用需要的系统服务，以减少存储空间；

4）占先式的实时内核，即总是运行就绪条件下优先级最高的任务；

5）多任务，可管理 64 个任务，任务的优先级必须是不同的，不支持时间片轮转调度法；

6）可确定性，函数调用与服务执行时间具有可确定性，不依赖于任务的多少。

第七章
机电一体化技术应用

第一节　机电一体化系统设计

机电一体化系统设计的第一个环节是机电一体化系统总体设计（以下简称总体设计），它是在具体设计之前，应用系统总体技术，从整体目标出发，对所要设计的机电一体化系统的各方面，本着简单、实用、经济、安全和美观等基本原则进行的综合性设计，是实现机电一体化产品整体优化设计的过程。

市场竞争规律要求产品不仅具有高性能，而且要有低价格，这就给产品设计人员提出了越来越高的要求。另外，种类繁多、性能各异的集成电路、传感器和新材料等，给机电一体化产品设计人员提供了众多的可选方案，使设计工作具有更大的灵活性。如何充分利用这些条件和机电一体化技术开发出满足市场需求的机电一体化产品，是总体设计的重要任务。

一、总体设计的主要内容

总体设计对机电一体化系统的性能、尺寸、外形、质量及生产成本具有重大影响。因此，在总体设计中要充分应用现代设计方法中提供的各种先进设计原理，综合利用机械、电子等关键技术并重视科学实验，力求在原理上新颖正确，在实践上可行，在技术上先进，在经济上合理。一般来讲，总体设计应包括下述主要内容。

（1）准备技术资料

准备技术资料一般包括以下几点。

1）搜集国内外有关技术资料，包括现有同类产品资料、相关的理论研究成果和先进技术资料等。通过对这些技术资料的分析和比较，了解现有技术发展的水平和趋势。这是确定产品技术构成的主要依据。

2）了解所设计产品的使用要求，包括功能、性能等方面的要求。此外，还应了解产品的极限工作环境、操作者的技术素质和用户的维修能力等方面的情况。使用要求是确定产品技术指标的主要依据。

3）了解生产单位的设备条件、工艺手段和生产基础等，作为研究具体结构方案的重要依据，以保证缩短设计和制造周期、降低生产成本、提高产品质量。

（2）确定性能指标

性能指标是满足使用要求的技术保证，主要应依据使用要求的具体项目来相应地确定，当然也受到制造水平和能力的约束，性能指标主要包括以下几项。

1）功能性指标：包括运动参数、动力参数、尺寸参数、品质指标等实现产品功能所必需的技术指标。

2）经济性指标：包括成本指标、工艺性指标、标准化指标、美学指标等关系到产品能否进入市场，并成为商品的技术指标。

3）安全性指标：包括操作指标、自身保护指标和人员安全指标等保证产品在使用过程中不致因误操作或偶然故障而引起产品损坏或人身事故方面的技术指标。对于自动化程度较高的机电一体化产品，安全性指标尤为重要。

（3）拟定机电一体化系统原理方案

机电一体化系统原理方案的拟定是总体设计的实质性内容，要求充分发挥机电一体化系统设计的灵活性，根据产品的市场需求及所掌握的资料和技术，拟定出综合性能最好的机电一体化系统原理方案。

（4）初定主体结构方案

在机电一体化系统原理方案拟定之后，初步选出多种实现各环节功能和性能要求的可行主体结构方案，并根据有关资料或与同类结构类比，定量地给出各主体结构方案对特征指标的影响程度或范围，必要时也可通过适当的实验来测定。将各环节结构方案进行适当组合，构成多个可行的主体结构方案，并使得各环节对特征指标影响的总和不超过规定值。

（5）电路结构方案设计

在机电一体化系统设计中，检测系统和控制系统的电路结构方案设计方法可分为两大类：一类是选择式设计，根据系统总体功能及单元性能要求，分别选择传感器、放大器、电源、驱动器、控制器、电动机及记录仪等，进行合理的组合，满足总体方案设计要求；另一类是以设计为主，选择单元为辅，设计人员必须根据系统总体功能、检测系统、控制系统性能进行设计，在设计中必须选择稳定性好、可靠性好、精度高的器件。电路结构方案设计要合理，并且设计抗干扰、过压保护和过流保护电路。电路结构布局应把强电和弱电单元分开布置，布置走线要短，电路地线布置要正确合理。对于强电场干扰场合，电路结构方案设计应加入抗干扰元件和外加屏蔽罩，以有效提高系统稳定性和可靠性。

（6）总体布局设计

机电一体化系统总体布局设计是总体设计的重要环节。总体布局设计的任务是，确定系统各主要部件之间相对应的位置关系，以及它们之间所需要的相对运动关系。总体布局设计是一个带有全局性的问题，它对产品的制造和使用都有很大影响，特别是对维修、抗干扰、小型化等。

（7）机电一体化系统简图设计

在上述工作完成后，应根据系统的工作原理及工作流程画出它们的总体图，组成机、电控制系统有机结合的机电一体化系统简图。在机电一体化系统简图设计中，执行系统应以机构运动简图或机构运动示意图表示，机械主系统应以结构原理草图表示，电路系统应以电路原理图表示，其他子系统可用方框图表示。

（8）拟定总体方案

根据上述机电一体化系统简图，进行方案论证。论证时，应选定一个或几个评价指标，对多个可行方案进行单项校核或计算，求出各方案的评价指标值并进行比较和评价，从中选出最优者作为拟定的总体方案。

（9）编写总体设计报告

总结上述设计过程的各个方面，编写总体设计报告，为总体装配图和部件装配图的绘制做好准备。总体设计报告要突出设计重点，将所设计系统的特点阐述清楚，同时应列出所采取的措施及注意事项。

总体设计给具体设计规定了总的基本原理、原则和布局，指导具体设计的进行；而具体设计则是在总体设计基础上进行的具体化。具体设计不断地丰富和修改总体设计，两者相辅相成，有机结合。因此，只有把总体设计和系统的观点贯穿于产品开发的过程，才能保证最后的成功。

二、机电一体化系统的设计类型

1. 开发性设计

在机电一体化系统开发设计时，没有可参照的产品，仅仅是根据工程应用的技术要求，抽象出设计原理和要求，设计出在性能和质量上能满足目的要求的产品或系统。机电融合型产品的设计属于开发性设计，如数字式摄像机、磁盘驱动器、激光打印机和 CT 扫描诊断仪等产品的设计。

2. 适应性设计

在机电一体化系统原理方案基本保持不变的情况下，对现有产品进行局部改进，采用现代控制伺服单元代替原有的机械结构单元。功能替代型机电一体化产品的设计就属于适应性设计。

3. 变异性设计

在机电一体化产品设计方案和功能不变的情况下，仅改变现有产品的规格尺寸和外形设计等，使之适应于不同场合的要求。例如，便携式计算机系统的设计就属于变异性设计。

三、机电一体化系统设计方法

1. 机电系统工程与并行工程

机电一体化系统设计是一门综合性的设计技术，是一项多学科、多单元组成的机电系统工程。系统运行有两个相悖的规律，一是整体效应规律：系统各单元有机地组合成系统后，各单元的功能不仅相互叠加，而且相互辅助、相互促进与提高，使系统整体的功能大于各单元功能的简单之和，即"整体大于部分和"；另一个相反的规律是系统内耗规律：由于各单元的差异性，在组成系统后，若对各单元的相互协调不当或约束不力，就会导致单元间的矛盾和摩擦，出现内耗，内耗过大，则可能出现"整体小于部分和"的情况。因此，在设计机电一体化系统时，应自觉运用机电系统工程的观念和方法，把握好系统的组成和作用规律，以实现机电一体化系统功能的整体最佳化。

并行工程（Concurrent Engineering，CE）是把产品（系统）的设计、制造及其相关过程作为一个有机整体进行综合（并行）协调的一种工作模式。这种工作模式力图使开发者们从一开始就考虑到产品全寿命周期［从概念形成到产品（系统）报废］内的所有因素。并行工程的目标是提高产品（系统）全寿命周期内的质量，降低产品（系统）全寿命周期内的成本，缩短产品（系统）研制开发的周期。将并行工程的理念引入机电一体化系统的设计中，可以在设计系统时把握好整体性和协调性原则，对设计的成功与否具有关键性的作用。

2. 仿真设计

仿真设计是将仿真技术应用于设计过程，最终获得比较合理的设计参数。随着建立系统数学模型方法的进一步成熟，仿真设计在机电一体化系统设计中得到了广泛应用。仿真设计的步骤如下。

1）建立数学模型。这是机电一体化系统进行仿真设计的关键，要求选取设计变量建立目标函数，确定约束条件。机电一体化系统是按机电系统工程的方法进行分析和综合的，因而可以借用机电系统工程中建立的数学模型；另一方面，机电一体化系统总信息控制等又利用了控制工程的理论，因而具体数学模型的表达又可以利用控制工程的理论来建立。从这两点出发，机电一体化系统的数学模型比纯机械系统的数学模型更好建立，也更易符合实际。具体系统数学模型建立方法有解析法、直接法和实验法3种。

2）选择合适的仿真算法及程序语言。

3）利用计算机进行仿真设计计算，得出最佳设计方案。

4）对仿真得出的方案进行评价决策。

3. 可靠性设计

机电一体化系统的可靠性是指在规定条件和时间内完成规定功能的能力。它用产品的可靠性、失效率、寿命及维修度等来评价。可靠性是评价产品的质量标准之一。系统的可靠性设计贯穿于设计、制造和使用的各个阶段，但主要取决于设计阶段。在进行机电一体化系统的开发设计时，主要从以下 3 个方面提高其可靠性。

1）机电一体化系统可靠性分析与预测。对构成系统的部件、子系统逐个进行分析，对于影响系统功能的子系统应有预防风险和提高可靠性的措施。在分析和预测中应充分运用各种行之有效的方法，确保系统设计的可靠性。

2）提高系统薄弱环节的可靠性。系统的故障往往是由于系统的某个薄弱环节造成的，因此，在设计时应根据具体情况采用不同的措施。例如，在设计系统时选择可靠性高的器件及单元部件；采用冗余配置；加强对失效率高的器件的筛选和试验；采用最佳组合设计法等。

3）可靠性管理。机电一体化系统（产品）的特点是技术要求高、材料新和工艺新，因此可靠性管理工作更为重要。对于大型系统和精密系统应设立管理机构，按照可靠性管理规程进行监管，确保所设计机电一体化系统的可靠性。

4. 反求设计

反求设计思想属于反向推理、逆向思维体系。反求设计是以现代设计理论、方法和技术为基础，运用各种专业人员的工程设计经验、知识和创新思维，对已有的产品（系统）进行剖析、重构和再创造的设计。具体来讲，反求设计就是设计者根据现有的机电一体化系统的外在功能特性，利用现代设计理论和方法，设计能实现外在功能特性要求的内部子系统，并构成整个机电一体化系统的设计。

第二节　数控机床

数字控制技术是从金属切削机床（机床）数控的基础上发展起来的。自 1952 年由美国帕森斯公司与麻省理工学院机构实验室研制成功世界上第一台三坐标数控铣床以来，数控机床经历了硬件数控（NC）、计算机数控（CNC）、多台计算机直接群控（DNC）和微机数控（MNC）共 4 个发展阶段，形成了门类齐全、品种繁多的数控机床，如数控车床、铣床、钻床、磨床和加工中心等。

一、数控机床的组成

图 7-1 为数控机床的组成框图。被加工零件的图纸是数控机床加工的原始数据，在加工前需要根据零件图制定加工工序及工艺规程，并将其按照标准的数控编程语言编制成加工程序（数控程序）。

图 7-1　数控机床的组成框图

程序载体是用于记录数控程序的物理介质，通过输入接口可将载体中的数控程序输入数控微机系统。早期的程序载体是纸带，将加工程序制作在穿孔纸带上，由光电读带机将纸带上的二进制数控信息输入数控微机系统中。目前程序载体有盒式磁带、磁盘或EPROM，简易数控机床则直接将加工程序通过键盘输至数控微机系统中。

数控微机系统用来接受并处理由程序载体输入的加工程序，依次将其转换成能使伺服驱动系统动作的脉冲信号。

伺服驱动系统是整个数控系统的执行部分，由伺服控制电路、功率放大电路、伺服电动机等组成，为机床的进给运动提供动力。

反馈系统用于检测机床工作的各个运动、位置参数、环境参数（如温度、振动、电源电压、导轨坐标、切削力等），并将这些参数变换成数控微机系统能接受的数字信号，以构成闭环或半闭环控制。经济型的数控机床一般采取开环控制。

二、数控车床的机械结构

图7-2表示一种改造后的车床传动系统。图中，不改变车床主轴箱，即主轴变速仍靠人工控制，纵向走刀丝杠改成纵向滚珠丝杠11，去掉光杠，在走刀段右端增加一个丝杠支承。纵向滚珠丝杠11的右端用纵向步进电动机4直接驱动（或经传动齿轮减速驱动）。纵向走刀丝杠改为纵向滚珠丝杠的目的是提高纵向走刀的移动精度，对于半精加工的车床可直接使用原来的丝杠。同样，横向走刀丝杠由横向步进电动机3直接驱动（或经传动齿轮减速驱动），完成横向走刀的进给和变速。另外，刀架部分采用了电动刀架实现自动换刀。为了使车床能实现自动车制螺纹，还要在主轴尾部加接一光电编码器（图中未表示出），作为主轴位置检测，使车刀运动与主轴位置相配合。

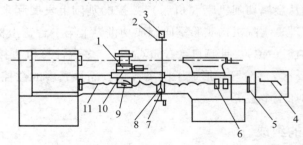

1—电动机；2—联轴器；3—横向步进电动机；4—纵向步进电动机；5—联轴器；6—纵向微调机构；

7—横向微调机构；8—横向螺母；9—纵向螺母；10—横向微调机构；11—纵向滚珠丝杠。

图7-2　改造后的车床传动系统

1. **步进电动机与丝杠连接**

步进电动机与丝杠的连接要可靠，传动无间隙。为了便于编程和保证加工精度，一般要求纵向运动的步进当量为0.01 mm，横向运动的步进当量为0.005 mm，步进电动机与丝杠的连接方式有直连式（同轴连接）和齿轮连接两种形式。

直连式示意图如图7-3所示，步进电动机与丝杠轴采用联轴套直接同轴相连，这种连接方式结构紧凑，改装方便。

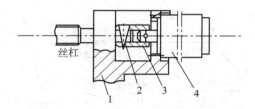

1—车床支架；2—销钉；3—联轴套；4—步进电动机。

图 7-3 直连式示意图

齿轮连接示意图如图 7-4 所示。在步进电动机步距角 α、步进当量 l 及丝杠螺距 t 确定后，步进电动机和丝杠的连接传动比不一定正好是 1∶1 的关系，这时采用一对齿轮，齿轮传动比可根据下式计算，即

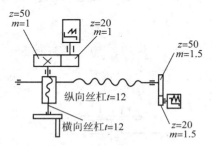

图 7-4 齿轮连接示意图

$$i = \frac{z_2}{z_1} = \frac{\alpha \cdot t}{360 \cdot l} \tag{7-1}$$

例 7-1 改造一台 C620 车床，其纵向丝杠的螺距 $t = 12\text{mm}$，采用 110BF003 型步进电动机，步距角 $\alpha = 0.75°$，系统规定的纵向步进当量 $l = 0.01\text{mm}$，计算步进电动机与纵向丝杠之间的连接传动比。

解：根据式（7-1）有

$$i = \frac{z_2}{z_1} = \frac{\alpha \cdot t}{360 \cdot l} = \frac{12 \times 0.75}{360 \times 0.01} = \frac{2.5}{1} \tag{7-2}$$

所以可选 $z_1 = 20$，$z_2 = 50$，模数 $m = 1.5$ 的齿轮传动副。当 i 为小数时，则可采用挂轮。

2. **步进电动机与床身的连接**

步进电动机与床身的连接，不但要求安装方便、可靠，同时又要能确保精度。常用的连接方式有固定板连接和变速箱连接两种，如图 7-5 和图 7-6 所示。

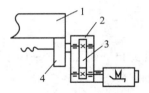

1—床身；2—齿轮箱；3—变速齿轮；4—丝杠支架。

图 7-5 固定板连接示意图

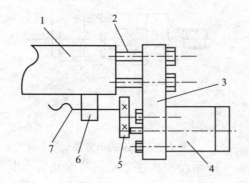

1—床身；2—圆柱套筒；3—连接板；4—步进电动机；5—齿轮；6—丝杠托架；7—丝杠。

图7-6　变速箱连接示意图

3. 自动回转刀架

加工复杂工件时，需要几把车刀轮换使用，这就要求刀架能自动换位，如图7-7所示。

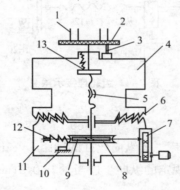

1—刀位触点；2—胶木板；3—触点；4—刀台；5—螺杆副；6—精密齿盘；7—变速齿轮；
8—蜗轮；9—滑套式蜗杆；10—停车开关；11—刀架座；12—压簧；13—粗定位。

图7-7　自动回转刀架原理示意图

当数控微机系统发出换刀信号后，如果要求的刀号与实际在位的刀号不符，则电动机正转，通过螺杆推动螺母使刀台上升到精密端齿盘脱开时的位置，当刀台随螺杆体转动至与刀号要求相符的位置时，数控微机系统发出反转信号，使电动机反转，于是刀台被定位卡死而不能转动，便缓慢下降至精密端齿盘的啮合位置，实现精密定位并锁紧。当夹紧力增大到推动弹簧而窜动压缩触点时，电动机立即停转，并向数控微机系统发出换刀完成的应答信号，程序继续执行。

4. 电动尾架

有的数控车床为实现轴类零件的自动化加工，采用了电动尾架装置，图7-8所示是适用于经济型数控车床的可控力电动尾架。

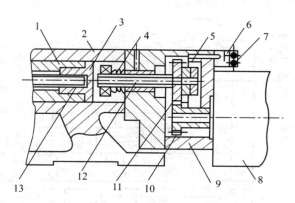

1—轴套；2—原尾架体；3—丝杠螺母；4—蝶形弹簧；5—顶杆；6—微型限位开关；7—调整螺钉；
8—电动机；9—减速箱；10—主动齿轮；11—从动齿轮；12—丝杠；13—顶尖推动丝杠。

图7-8 适用于经济型数控车床的可控力电动尾架

电动机通电转动，通过一对齿轮副减速，带动丝杠转动，再通过装在轴套上的丝杠螺母使轴套前进，并稍稍压缩蝶形弹簧。当顶尖推动丝杠转动，迫使顶尖紧顶工件时，丝杠以及螺母不能前进，这样就迫使丝杠后退，压缩蝶形弹簧并使从动齿轮后退。从动齿轮后退时压下顶杆，顶杆又压下微动开关，切断电动机的电源，至此顶紧操作完成。顶尖后退时，利用一微型限位开关进行限位控制。电动机控制电路除要有正反转点动控制外，还需有接向数控微机系统的开关。

三、数控机床计算机控制系统硬件

数控机床计算机控制系统有两种基本形式，即经济型数控系统和全功能型数控系统。所谓经济型数控系统是用一个微机芯片作主控单元，伺服进给系统大都为功率步进电动机，采用开环控制系统，步进当量为 0.01～0.005 mm/脉冲，机床快速移动速度为 5～8 m/min，传动精度较低，功能也较为简单。全功能型数控系统用 2～4 个计算机系统进行控制，各 CPU 之间采用标准总线接口，或者采用中断方式通信。在主控微机的管理下，各微机分别进行指令识别、插补运算、文本及图形显示、控制信号的输入/输出等。伺服进给系统一般采用交流或直流电动机伺服驱动的闭环或半闭环控制，这种形式可方便地控制进给速度和主轴转速。机床快速移动速度为 8～24 m/min，步进当量为 0.01～0.001 mm/脉冲，控制的轴数为 20～24 个，因而全功能型数控系统广泛用于精密数控车床、铣床、加工中心等精度要求高、加工工序复杂的场合。

1. 经济型数控系统

早期的经济型数控系统多采用功能简单的 Z80 单片机控制。近年来，多以单片机为核心做成专用的数控系统，图 7-9 为经济型数控系统的硬件框图，适用于卧式车床的数控系统。

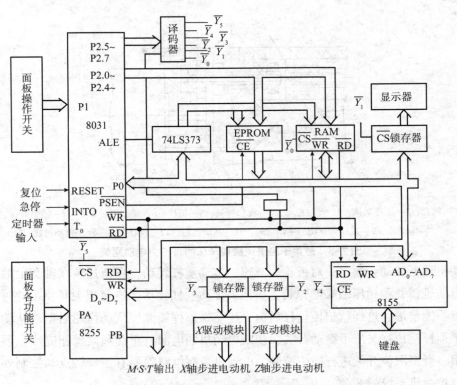

图 7-9   经济型数控系统的硬件框图

图 7-9 中键盘用于手工输入零件的加工程序，显示器用于显示输入的指令和加工状态，8031 对加工程序进行指令识别和运算处理后，向锁存器输出进给脉冲，经 X、Z 驱动模块伺服放大后，驱动 X 轴、Z 轴步进电动机，产生进给运动；8255 的 PB 口输出功能信号 M·S·T。其中：M 为辅助功能，主要是主电动机、冷却电动机的启/停信号；S 为主轴调速信号；T 为回转刀架的转位换刀信号。

1）存储器扩展电路：存储器扩展电路如图 7-10 所示，EPROM 用于存储控制程序，RAM 用于存储加工程序。为了保证 RAM 掉电时加工数据不丢失，电路中还设计了掉电保护电路。

2）面板操作键和功能选择开关：P1 口与面板操作键的连接电路，如图 7-11 所示。图中，$SB_1 \sim SB_4$ 为手动操作进给键，分别完成人工操作的 ±X、±Z 的进给。运行时按下此键，可中断程序的运行。SA_1 是一个两位开关，用于单段/连续控制，置于单段位置时，每运行一个程序段就暂停，只有按下启动键，才继续运行下一个程序段，单段工作方式一般用于检查输入的加工程序。SA_1 置于连续位置时，程序将连续执行。

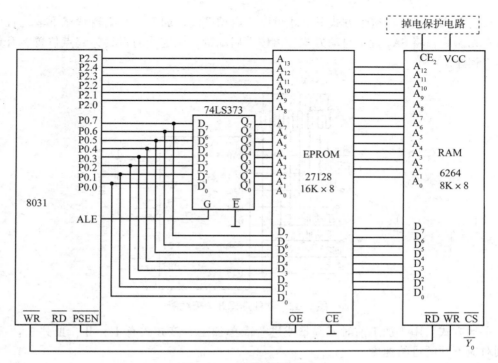

图 7-10　存储器扩展电路

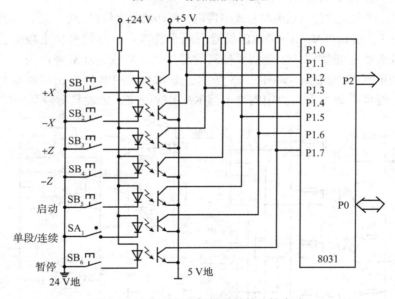

图 7-11　P1 口与面板操作键的连接电路

功能选择开关 SA_2 为单刀 8 掷波段开关，它与 8255 的 PA 口相连，如图 7-12 所示，用于编辑、空运行、自动、回零、手动、通信等功能的选择。

编辑方式：用于加工程序的输入、检索、修改、插入和删除等操作。

空运行方式：启动加工程序后，只执行加工指令，对 $M \cdot S \cdot T$ 信号指令则跳过不执行，而且刀具以设定的速度运行。这种方式主要用于检查加工程序，而不用于加工。

自动方式：只有在这个方式下，才可以按启动键实行加工。在编辑状态下输入程序并经检查无误后，将 SA_2 置于自动方式，再按下启动键，认定当前刀具为起点位置，开始执行加工程序。

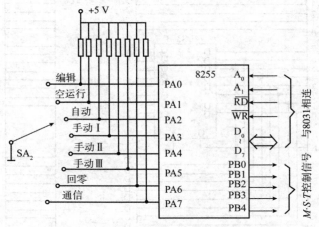

图 7-12　功能选择开关接线图

手动方式：用于加工前对刀调整或进行简单加工。该方式有 Ⅰ、Ⅱ、Ⅲ 共 3 种选择，分别对应不同的进给速度。

回零方式：使刀架沿 X 轴、Z 轴回到机械零点。

通信方式：该方式中包括系统与盒式磁带机、打印机及上位机的数据通信、转存等操作。

3）$M \cdot S \cdot T$ 接口。$M \cdot S \cdot T$ 功能信号有两个特点：一是信号功率较大，微机输出的信号要进行放大后才能使用；二是信号控制的都是 220 V 或 380 V 强电开关器件，因此必须采用严格的电气隔离措施，如图 7-13 所示，由 8255 的 PB 口输出控制信号，先经过一次光电隔离，经译码放大后，由中间继电器 KA 再次隔离，因此具有较强的抗干扰能力。

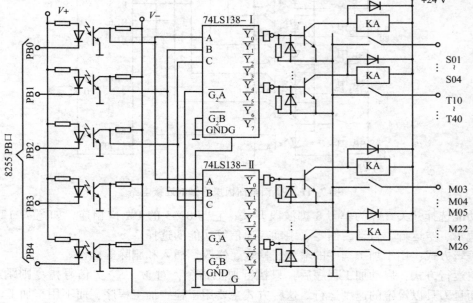

图 7-13　$M \cdot S \cdot T$ 接口电路

8255 的 PB 口定义为基本输出方式，从 PB0～PB4 输出的 5 个信号经光电耦合后，送至 3-8 译码器，其中 PB0～PB2 为译码地址信号，PB3、PB4 为译码器片选信号。S01～S04 为与调整电动机相连的 4 种主轴调整信号，T10～T40 为 4 种换刀信号。

M03～M26 为 8 个辅助功能信号，其中 M03 用于启动主轴正转，M04 用于控制主轴反转，M05 使主轴停止。M22～M26 是用户自用信号，可用于控制冷却电动机的启/停、液压电动机的启/停、第三坐标的启/停或电磁铁动作等。$M \cdot S \cdot T$ 功能信号地址对照表如表 7-1 所示。

表 7-1　$M \cdot S \cdot T$ 功能信号地址对照表

8255 的 PB 口					输出信号	8255 的 PB 口					输出信号
PB4	PB3	PB2	PB1	PB0		PB4	PB3	PB2	PB1	PB0	
0	1	0	0	0	S01	1	0	0	0	0	M03
0	1	0	0	1	S02	1	0	0	0	1	M04
0	1	0	1	0	S03	1	0	0	1	0	M05
0	1	0	1	1	S04	1	0	0	1	1	M22
0	1	1	0	0	T10	1	0	1	0	0	M23
0	1	1	0	1	T20	1	0	1	0	1	M24
0	1	1	1	0	T30	1	0	1	1	0	M25
0	1	1	1	1	T40	1	0	1	1	1	M26

2. STD 总线数控系统

图 7-14 为两坐标的 STD 总线数控系统，由 CPU、带掉电保护的 RAM、NC 键盘接口、步进电动机接口、I/O 接口、CRT 接口 6 个模块组成。

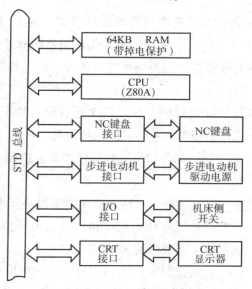

图 7-14　两坐标的 STD 总线数控系统

CPU 模块采用 Z80A 作 CPU，晶振频率为 4 MHz，EPROM 容量为 32 KB，用于存放系统的控制程序。板内的 CTC_0 通道作串行口波特率发生器，CTC_2 号通道作监控程序的单步操作，板内并行口采用 Z80PIO 芯片，提供 $2×8$ 位并行接口。串行口为 RS232C 标准，用于与上位机的数据通信。

64 KB 的 RAM 模块用于存放加工程序，为使掉电后输入的加工程序不被丢失，选用带掉电保护功能的静态 RAM 模块。

两个轴的步进电动机共用一个步进电动机接口模块，该模块有两组相同结构的电路，包括进给脉冲发生器、脉冲计数器、进给方向控制逻辑和脉冲分配器等。进给脉冲发生器与脉冲计数器由 8253 定时/计数器芯片实现。8253 的 0 号通道做进给脉冲发生器，进给脉冲频率由装入的时间常数决定。8253 的 1 号通道为脉冲计数器，用来监测是否有脉冲丢失。进给方向控制逻辑主要用于控制步进电动机的进给方向，脉冲分配器则将进给脉冲依次分配给步进电动机的各相绕组。

I/O 接口模块中的输入通道主要与机床的各种开关相连，如限位开关、零点接近开关等；输出通道用于输出 $M·S·T$ 功能信号，输出信号经锁存器、光电隔离及晶体管放大后，可以驱动 24 V、200 mA 以下的继电器、电磁阀等。

CRT 接口模块与 CRT 显示器连接，可实现数控过程的显示及加工程序、加工零件显示。该模块以 MC6845CRT 控制器为核心，产生 CRT 所需的行同步、场同步信号，并与 STD 总线连接。

3. 全功能型数控系统

全功能型数控系统也称标准数控系统，是国际上较流行的数控系统，其构成框图如图 7-15 所示。

该系统由 X、Y、Z 三轴控制，其中任意两轴可联动。链式刀库可储 40～60 把刀具，由换刀机械手自动进行换刀（ATC）。系统配有工作台精密转动控制（TAB），转动角度由数控编程中的第二辅助功能 B 指定。该系统可完成各种工序（如铣、钻、镗、扩和攻螺纹等）的控制。

系统通过接口接受来自 MDI 的数据，并在 CRT 上显示，又通过 RS232C 接口和光电阅读机接口读入纸带程序。操作面板上有各种功能选择开关。从机床和操作面板上输出的信号，大部分由 PLC 处理，但也有一部分信号，如紧急停车、超程、返回原点等，可直接输入计算机控制系统。

三轴驱动采用伺服驱动方式，各电动机均加装光电编码器作为位置和速度的检测反馈元件，反馈信号一路输入计算机系统（CNC）作精插补，另一路经 F/V 变换送入伺服驱动模块中的速度调节器。速度放大部分可配 SRC 或 PWM。

在计算机控制系统（CNC）的控制下，经 PLC 进行译码可输出 12 位二进制速度代码，再经 D/A 转换和电压比较后形成主轴电动机转速控制信号，由矢量处理电路得到 3 种相位相差 120° 的电流信号，经 PWM 调制放大后加到三相桥式晶体管电路，使主轴交流伺服电动机按规定的转速和方向转动，磁放大器为主轴定向之用。

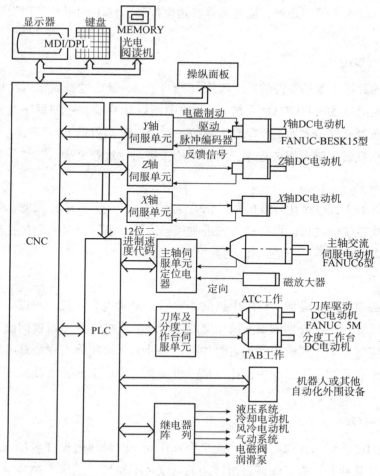

图7-15　全功能型数控系统的构成框图

计算机控制系统（CNC）将相应的 T、M、B 功能送至 PLC，经 PLC 译码识别，发出相应的控制信号，该信号自动切换伺服单元工作状态，即由 ATC 转换为 TAB，或由 TAB 转换为 ATC。刀库和分度工作台均由 DC 电动机驱动，通过控制相应的 DC 电动机，实现自动换刀和工作台的分度。

从上面的介绍中可以看出，除进给插补外，几乎其他所有的工作（S、T、M、B）都离不开 PLC，经 PLC 处理的信号有 194 个。

四、数控机床的软件构成

数控机床的软件分为系统软件（控制软件）和应用软件（加工软件）两部分。加工软件是描述被加工零件的几何形状、加工顺序、工艺参数的程序，它用国际标准的数控编程语言编程，有关数控编程的规范和编程方法，可参阅有关的标准手册及文献资料。

控制软件是为完成机床数控而编制的系统软件，因为各数控系统的功能设置、控制方案、硬件线路均不相同，因此在软件结构和规模上相差很大，但从数控的要求上看，控制软件应包括数据输入、数据处理、插补运算、速度控制、输出控制、管理程序和自诊断等模块。

1. 数据输入模块

系统输入的数据主要是零件的加工程序（指令），一般通过键盘输入，也有从上一级计算机直接传入的（如 CAD/CAM 系统）。系统中所设计的输入管理程序通常采用中断方式。例如，当通过键盘输入加工程序时，每按一次键，键盘就向 CPU 发出一次中断请求，CPU 响应中断后就转入键盘服务程序，对相应的按键命令进行处理。

2. 数据处理模块

输入的零件加工程序是用标准的数控语言编写的 ASCII 字符串，因此，需要把输入的数控代码转换成系统能进行运算操作的二进制代码，还要进行必要的单位换算和数控代码的功能识别，以便确定下一步的操作内容。

3. 插补运算模块

数控系统必须按照零件加工程序中提供的数据，如曲线的种类、起点、终点等，运用插补原理进行运算，并向各坐标轴发出相应的进给脉冲。进给脉冲通过伺服系统驱动刀具或工作台作相应的运动，完成程序规定的加工。插补运算模块除实现插补各种运算外，还有实时性要求，在数控加工过程中，往往是一边插补一边加工的，因此插补运算的时间要尽可能短。

4. 速度控制模块

一条曲线的进给运动往往需要刀具或工作台在规定的时间内走许多步来完成，因此除输出正确的插补脉冲外，为了保证进给运动的精度及平稳性，还应控制进给的速度，在速度变化较大时，要进行自动加减速控制，以避免因速度突变而造成伺服系统的驱动失步。

5. 输出控制模块

输出控制包括：

1）伺服控制：将插补运算出的进给脉冲转变为有关坐标的进给运动；

2）误差补偿：当进给脉冲改变方向时，根据机床的精度进行反向间隙补偿处理；

3）M、S、T 等辅助功能的输出：在加工中，需要启动机床主轴、调整主轴速度和换刀等。因此，软件需要根据控制代码，从相应的硬件输出控制脉冲或电平信号。

6. 管理程序模块

管理程序模块负责对数据进行输入、处理、插补运算等操作，对加工过程中的各程序进行调度管理。管理程序模块还要对面板命令、脉冲信号、故障信号等引起的中断进行中断处理。

7. 自诊断模块

系统应对硬件工作状态和电源状况进行监视，在系统初始化过程中还需对硬件的各个资源，如存储器、I/O 口等进行检测，使系统出现故障时能及时停车，并指示故障类型和故障源。

第三节　工业机器人

工业机器人是比普通机械手功能更强大、智能更高的自动化装置，工业机器人一般是由伺服电动机组成多关节、多自由度的机构，一般为 4~6 个自由度，如图 7-16 所示。

图 7-16　工业机器人

一、工业机器人的基本组成与技术参数

1. 基本组成

如图 7-17 所示，工业机器人由 3 大部分 6 个子系统组成。3 大部分是机械部分、传感部分、控制部分。6 个子系统是驱动系统、机械结构系统、感受系统、机器人环境交互系统、人机交互系统、控制系统。

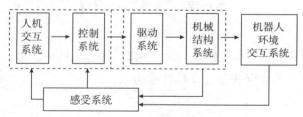

图 7-17　工业机器人的组成框图

2. 工业机器人的技术参数

工业机器人的技术参数一般有自由度、重复定位精度、工作范围、最大工作速度、承载能力等，如图 7-18 所示。

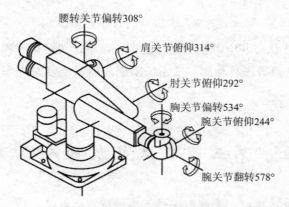

图7-18　工业机器人的技术参数

腰转关节偏转308°
肩关节俯仰314°
肘关节俯仰292°
胸关节偏转534°
腕关节俯仰244°
腕关节翻转578°

二、工业机器人的结构

工业机器人的结构如图7-19所示。

1—手部；2—手腕；3—手臂；4—机身。

图7-19　工业机器人的结构

1. 机身结构

机身是直接连接支承和传动手臂及行走机构的部件，它由臂部运动（升降、平移、回转和俯仰）机构及有关的导向装置、支撑件等组成。

2. 手臂结构

手臂是机器人的主要执行部件，它的作用是支承手腕和手部，并带动它们在空间运动。机器人的手臂主要包括臂杆以及与其伸缩、屈伸或自转等运动有关的构件，如传动机构、驱动装置、导向定位装置、支承连接和位置检测元件等。

机身和手臂的配置形式有横梁式配置、立柱式配置、机座式配置、屈伸式配置。

3. 手腕结构

手腕是连接手臂和手部的结构部件，它的主要作用是确定手部的作业方向，因此它具有独立的自由度，以满足机器人手部完成复杂的姿势。

4. 手部结构

手部结构分为：

①夹持类手部；

②吸附类手部；

③仿人手部。

5. 行走结构

行走结构分为：

①车轮式行走结构；

②履带式行走结构；

③足式行走结构。

6. 机器人的驱动方式

机器人的驱动方式分为：

①液压驱动；

②气压驱动；

③电动机驱动。

7. 控制系统的基本类型

控制系统的基本类型分为：

①程序控制系统；

②适应性控制系统；

③智能控制系统。

8. 工业机器人的应用

工业机器人的典型应用有装配机器人（见图7-20）、焊接（弧焊）机器人（见图7-21）等。

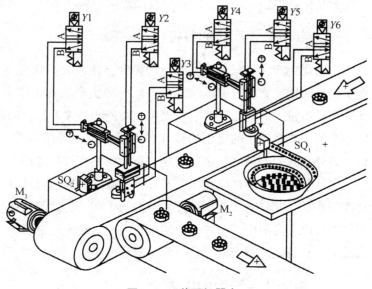

图 7-20 装配机器人

图7-21　焊接（弧焊）机器人

第四节　自动化生产线

自动化生产线广泛应用于各行各业中，不同的产品所采用的自动化生产线形式也不一样。自动化生产线通过自动化输送及其辅助装置，按照一定的生产流程，将各种自动化专机或配套设备连接成一体，使系统按照规定的程序工作，满足生产的需要。

一、自动化生产线的特征

自动化生产线能减轻工人的劳动强度，并大大提高劳动生产率、减少设备布置面积、缩短生产周期、缩减辅助运输工具、减少非生产性的工作量，从而形成严格的工作节奏，保证产品质量，加速流动资金的周转和降低产品成本。自动化生产线的加工对象通常是固定不变的，或在较小的范围内变化，而且在改变加工品种时要花费许多时间进行人工调整。另外，其初始投资较多。因此，自动化生产线只适用于大批量的生产场合。

自动化生产线是在流水线的基础上发展起来的，它具有较高的自动化程度和统一的自动控制系统，并具有比流水线更为严格的生产节奏性等特征。在自动化生产线的工作过程中，工件以一定的生产节拍，按照工艺顺序自动地经过各个工位，在不需工人直接参与的情况下，自行完成预定的工艺过程，最后成为合乎设计要求的制品。

二、自动化生产线的组成

自动化生产线通常由工艺设备、质量检测装置、控制系统，以及各种辅助设备等组成。由于工件的具体情况、工艺要求、工艺过程、生产率要求和自动化程度等因素的差异，自动化生产线的结构及其复杂程度常常有很大的差别，但其基本部分大致是相同的，如图7-22所示。

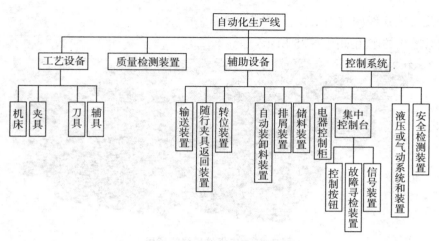

图 7-22　自动化生产线的组成

常见加工箱体类零件的组合机床自动化生产线主要由 3 台组合机床、输送带传送装置等组成，如图 7-23 所示。

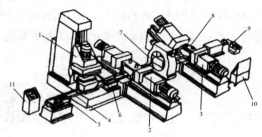

1、2、3—组合机床；4—输送带；5—输送带传送装置；6—转位台；7—转位鼓轮；

8—夹具；9—切屑运输装置；10—液压站；11—操纵台。

图 7-23　加工箱体类零件的组合机床自动化生产线

三、常见的输送装置

输送装置作为自动化生产线的一个组成部分，在自动化生产线中起着重要作用，下面介绍几种常用的输送装置。

1. 皮带输送线

（1）皮带输送线的总体结构

皮带输送线的总体结构如图 7-24 所示。

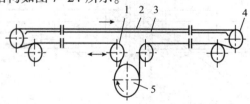

1—张紧轮；2—输送皮带；3—托板；4—辊轮；5—主动辊轮。

图 7-24　皮带输送线的总体结构

（2）皮带输送线的应用

皮带输送线的应用如图7-25所示。

图7-25　皮带输送线的应用

2. 倍速链输送线

（1）倍速链输送线简介

倍速链（见图7-26）也称为可控节拍输送链、自由节拍输送链、差动链，其结构与普通链条基本相似，信速链输送线上的倍速链链条的移动速度保持不变，但链条上方的工装板以及工件可以按照使用者的要求控制移动节拍，在所需要的停留位置停止运动，由操作者进行各种装配操作，完成操作后再放行工件继续向前移动。

倍速链输送线最常用的行业有：电脑显示器生产线、电脑主机生产线、笔记本电脑装配线、空调生产线、电视机装配线、微波炉装配线、打印机装配线、传真机装配线、音响功放生产线、发动机装配线。

图7-26　倍速链简图

（2）倍速链的基本结构

倍速链的基本结构如图7-27所示。

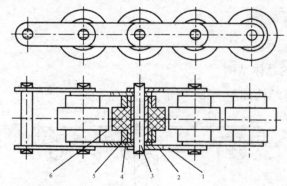

1—外板链；2—套筒；3—销轴；4—内链板；5—滚子；6—滚轮。

图7-27　倍速链的基本结构

2. 倍速链输送线的应用

倍速链输送线的应用如图 7-28 所示。

图 7-28 倍速链输送线的应用

3. 悬挂链输送线

悬挂链是专门用于悬挂链输送线上的输送链条，大量地应用于机械制造、汽车、家用电器、自行车等行业大批量生产产品工艺流程中零部件的喷涂生产线、电镀生产线、清洗生产线、装配生产线，以及肉类加工等轻工行业中，悬挂链输送线如图 7-29 所示。

图 7-29 悬挂链输送线

悬挂链输送线主要由轨道、滚轮、悬挂链、滑架、吊具、牵引动力装置等部分组成，如图 7-30 所示。

图7-30 悬挂链输送线的主要组成部分

悬挂链输送线的应用如图7-31所示。

图7-31 悬挂链输送线的应用

4. 滚筒输送线

滚筒输送线又称辊子输送线，其利用滚筒（辊子）作为支撑，如图7-32所示，滚筒的旋转带动工件前进。其结构形式：按驱动方式可分为动力滚筒线和无动力滚筒线，按布置形式可分为水平输送滚筒线、倾斜输送滚筒线和转弯滚筒线。

图 7-32 滚筒输送线

滚筒输送线的应用如图 7-33 所示。

图 7-33 滚筒输送线的应用

四、自动化生产线的控制系统

自动化生产线为了按严格的工艺顺序自动完成加工过程，除了各台设备按照各自的工序内容自动地完成加工循环以外，还需要输送、排屑、储料、转位等辅助设备和装置配合协调。这些自动设备和辅助设备依靠控制系统连成一个有机的整体，以完成预定的连续自动工作循环。自动化生产线的可靠性在很大程度上取决于控制系统的完善程度和可靠性。

自动化生产线的控制系统可分为 3 种基本类型：行程控制系统、集中控制系统和混合控制系统。

行程控制系统没有统一发出信号的主令控制器，每一运动部件或机构在完成预定的动作后发出执行信号，启动下一个（或一组）运动部件或机构，如此连续下去直到完成自动化生产线的工作循环。行程控制系统实现起来比较简单，电气控制元件的通用性强，成本较低。在自动循环过程中，若前一动作没有完成，后一动作就得不到启动信号，因而行程控制系统本身具有一定的互锁性。但是当顺序动作的部件或机构较多时，行程控制系统不利于缩短自动化生产线的工作节拍；同时，控制线路电气元件增多，接线和安装会变得复杂。

集中控制系统由统一的主令控制器发出各运动部件和机构顺序工作的控制信号。一般主令控制器的工作原理是在连续或间歇回转的分配轴上安装若干凸轮，按调整好的顺序依次作用在行程开关或液压（或气动）阀上；或在分配圆盘上安装电刷，依次接通电触点以发出控制信号。分配轴每转动一周，自动化生产线就完成一个工作循环。集中控制系统是按预定的时间间隔发出控制信号的，所以也称为时间控制系统。集中控制系统电气线路简单，所用控制元件较少，但其没有行程控制系统那样严格的互锁性，后一机构按一定时间得到启动信号，与前一机构是否已完成了预定的工作无关，可靠性较差。集中控制系统适用于比较简单的自动化生产线，在要求互锁的环节上，应设置必要的互锁保护机构。

混合控制系统综合了行程控制系统和集中控制系统的优点，根据自动化生产线的具体情况，将某些要求互锁的部件或机构用行程开关控制，以保证安全可靠，其余无互锁关系的动作则按时间控制，以简化控制系统。

五、自动化生产线的自动检测

自动检测是自动化生产线的一个重要环节。自动化生产线必须设置相应的检测工位，通过传感器自动检测，将检测结果经过放大等处理后传给控制系统，或直接传给控制系统，以保证产品质量。

根据自动化生产线上常用自动检测项目的特征参数及其具体要求，可以选择自动检测方法及相应的传感器。以下以自动装配生产线为例进行说明。

1）装配件方向和位置的自动检测，常选用气动传感器、电触传感器等。

2）装配件给料、就位、缺件的自动检测，常选用光电传感器、电触传感器和机械触杆、限位开关等。

3）装配件尺寸和装配间隙的自动检测，常选用电感传感器、电容传感器和气动传感器等。

4）装配件夹持失误的自动检测，常用电触传感器、电感传感器、气动传感器和机械-气动传感器等。

5）装配后密封质量的自动检测，常用气动传感器等。

6）螺纹连接件扭紧力矩的自动检测，常用力矩传感器，其插入深度常用电触传感器检测。

总之，选择自动检测方法时，必须满足所检测特征参数的灵敏度要求。如灵敏度要求高，则宜采用无触点结构；若检测后要求控制执行机构重复动作时，则检测后的输出信号宜用一般的电气信号。此外，还需防止自动检测装置过分复杂，以防外形尺寸太大，预留安装位置不能容纳，出现动作失误、维修困难等。

参考文献

[1] 张建民. 机电一体化系统设计 [M]. 3 版. 北京：高等教育出版社，2008.

[2] 赵松年，张奇鹏. 机电一体化机械系统设计 [M]. 北京：机械工业出版社，1996.

[3] 姜培刚. 机电一体化系统设计 [M]. 北京：机械工业出版社，2003.

[4] 胡泓. 机电一体化原理及应用 [M]. 北京：国防工业出版社，2004.

[5] 孙卫青. 机电一体化技术 [M]. 北京：科学出版社，2009.

[6] 俞竹青. 机电一体化系统设计 [M]. 北京：电子工业出版社，2011.

[7] 徐志毅. 机电一体化实用技术 [M]. 上海：上海科学技术文献出版社，1995.

[8] 张建民. 机电一体化系统设计 [M]. 北京：北京理工大学出版社，1996.

[9] 张君安. 机电一体化系统设计 [M]. 北京：兵器工业出版社，1997.

[10] 魏俊民，周砚江. 机电一体化系统设计 [M]. 北京：中国纺织出版社，1998.

[11] 梁景凯. 机电一体化技术与系统 [M]. 北京：机械工业出版社，1999.

[12] 潘新民，王燕芳. 微型计算机控制技术 [M]. 北京：电子工业出版让，2003.

[13] 蒋心怡，吴汉松. 计算机控制工程 [M]. 长沙：国防科技大学出版社，2002.

[14] 赖寿宏. 微型计算机控制技术 [M]. 北京：机械工业出版社，1994.

[15] 林述温. 机电装备设计 [M]. 北京：机械工业出版社，2002.

[16] 陈伯时. 自动控制系统 [M]. 北京：机械工业出版社，1981.

[17] 陈瑜. 机电一体化技术 [M]. 北京：机械工业出版社，1987.

[18] 潘新民. 微型计算机传感器技术 [M]. 北京：人民邮电出版社，1985.

[19] 师汉民. 机械系统动态模型 [M]. 北京：机械工业出版社，1990.

[20] 绪方胜彦. 现代控制工程 [M]. 北京：科学出版社，1978.

[21] CHARLES L P，DOYCE D H. Feedback control systems [M]. Vpper Saddle River：Prentice Hall，1988.

[22] BRADLEY D A. Mechatronics：electronics in products and processes [M]. London：Chpman and Hall，1991.

[23] 刘艺，许大琴，万福. 嵌入式系统设计大学教程 [M]. 北京：人民邮电出版社，2008.

[24] 张聚. 基于 MATLAB 的控制系统仿真及应用 [M]. 2 版. 北京：电子工业出版

社，2018.

[25] 邓奋发. MATLABR 2016a 控制系统设计与仿真 [M]. 北京：电子工业出版社，2018.

[26] 张袅娜，冯雷. 控制系统仿真 [M]. 北京：机械工业出版社，2014.

[27] 严雨. 嵌入式技术基础 [M]. 北京：人民邮电出版社，2012.

[28] 赵成. 嵌入式系统应用基础：基于 S3C2410A 的 SKYEYE 仿真与实践 [M]. 北京：国防工业出版社，2012.

[29] 李永海. 机电一体化系统设计 [M]. 北京：中国电力出版社，2012.